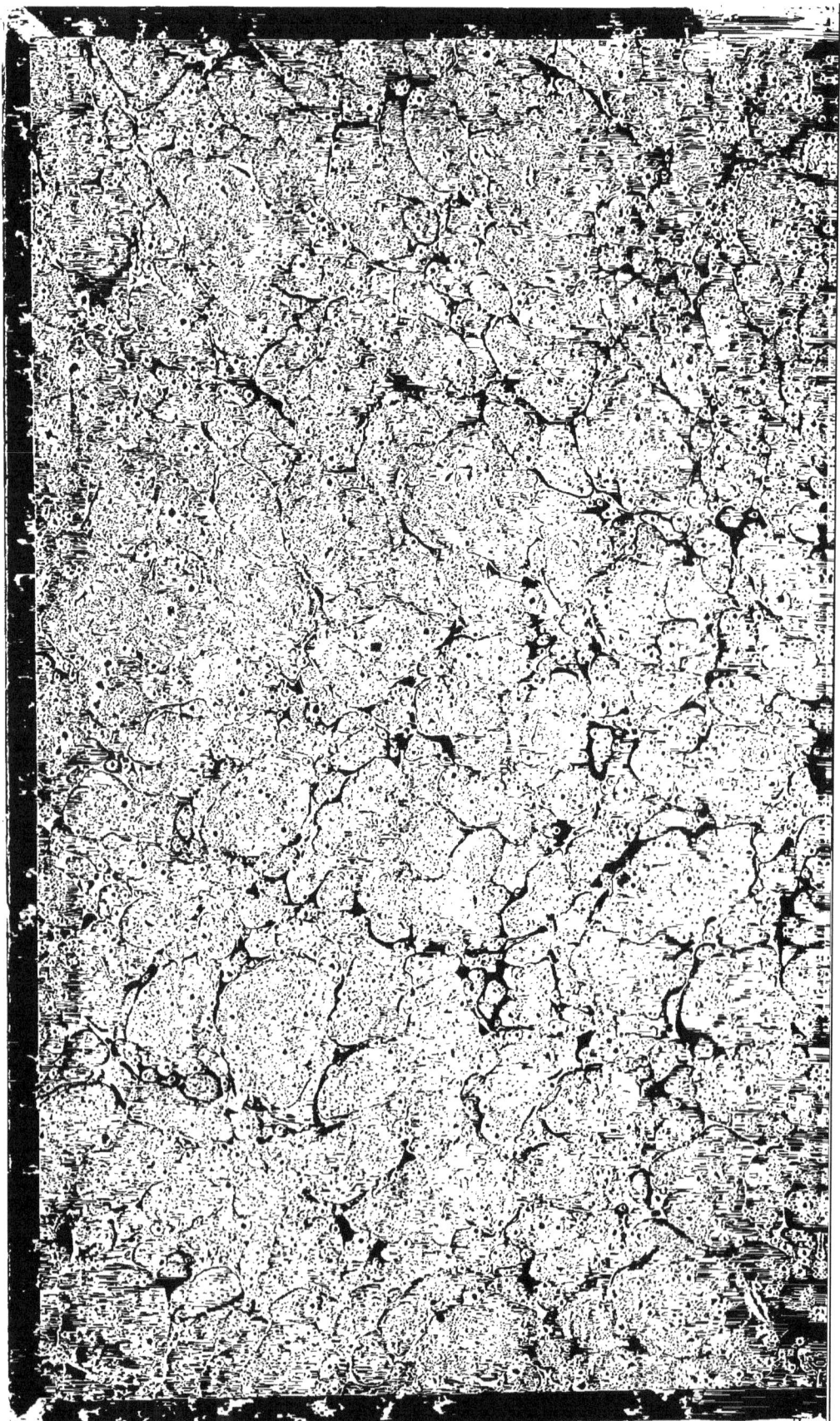

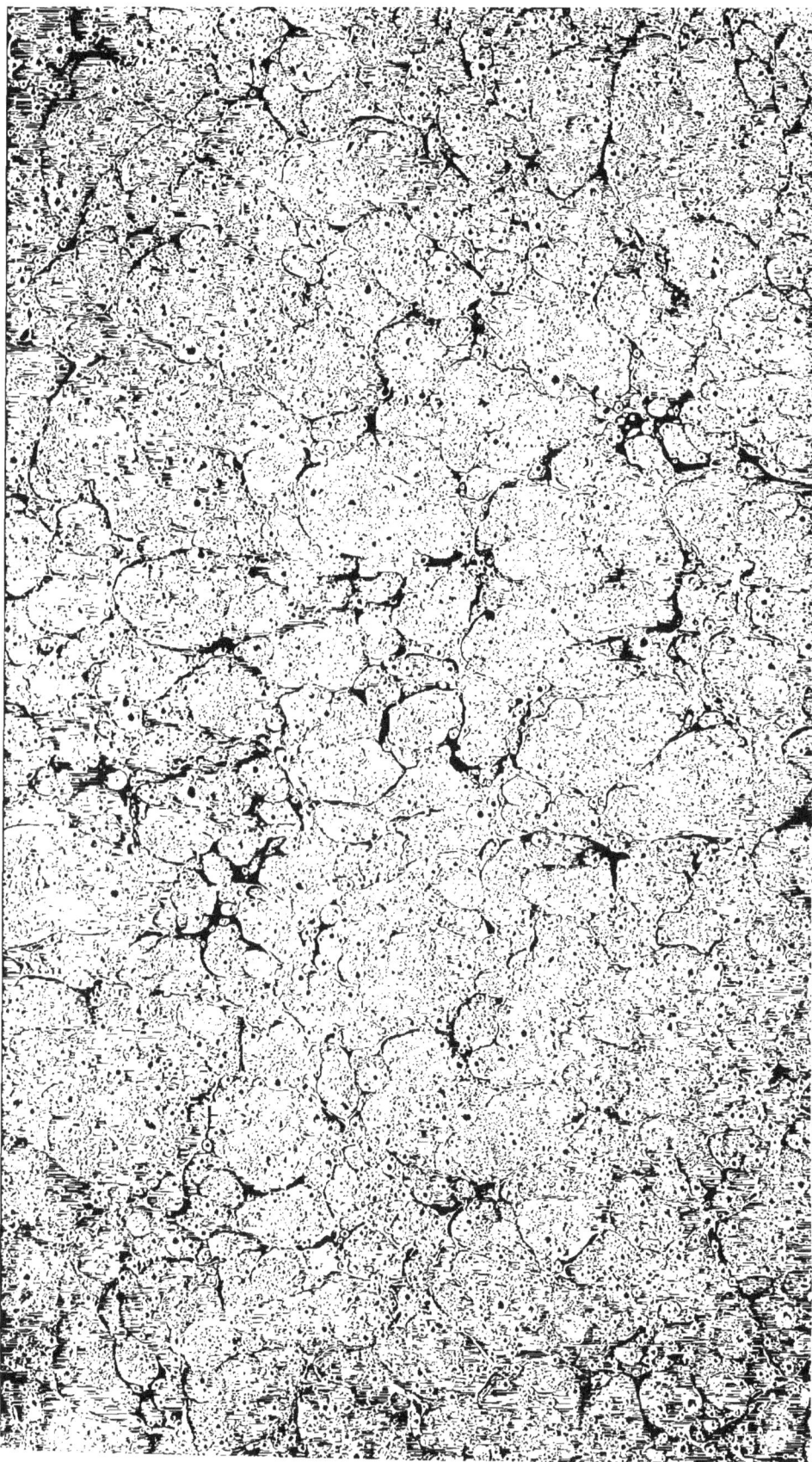

Histoire

Naturelle

DE L'HOMME.

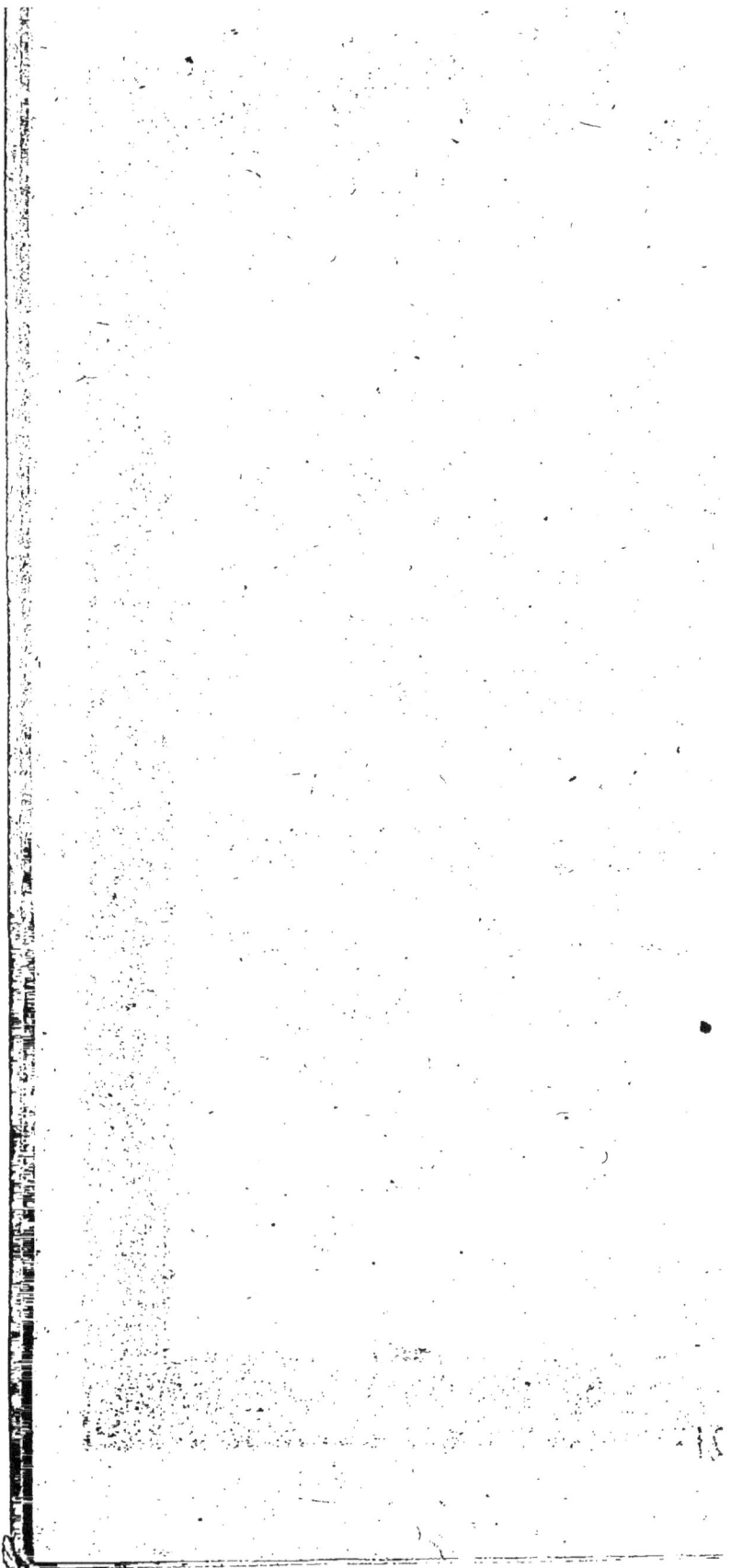

HISTOIRE NATURELLE

DE L'HOMME.

STRASBOURG, de l'imprimerie de F. G. Levrault.

Bⁿ Gⁿ Eⁿ LAVILLE Cⁿ DE LACÉPÈDE

(Zoologiste),

Membre de l'Académie des Sciences

Né à Agen (Lot-et-Garonne), le 13 décembre 1756.

Mort à Épinay, le ... octobre 1825.

Histoire Naturelle

DE L'HOMME,

PAR

M. LE C.ᵀᴱ DE LACÉPÈDE;

PRÉCÉDÉE

DE SON ÉLOGE HISTORIQUE,

PAR

M. le Baron G. Cuvier,

Secrétaire perpétuel de l'Académie royale des sciences, l'un des
quarante de l'Académie française.

A PARIS,

Chez F. G. Levrault, rue de la Harpe, n.° 81;
Et rue des Juifs, n.° 33, à Strasbourg.

1827.

ÉLOGE HISTORIQUE

DE

M. LE COMTE DE LACÉPÈDE,

Par M. le Baron G. CUVIER,

SECRÉTAIRE PERPÉTUEL DE L'ACADÉMIE ROYALE DES SCIENCES.

CHARGÉS de consigner dans les annales des sciences les principaux traits de la vie de nos confrères, et les services que leurs travaux ont rendus à l'esprit humain, nous nous acquittons d'un devoir si honorable avec le zèle d'amis et de disciples pleins de respect pour leur mémoire; mais le temps qui nous est départi dans ces solennités littéraires ne nous permet ni de présenter tous ces hommes utiles à la reconnoissance du public, ni même de lire en entier des biographies

1

déjà si courtes pour tout ce qu'elles devroient faire connoître. C'est en tête de
l'éloge d'un savant et d'un homme d'État,
dont la vie a été si longue et si pleine, et
qui se recommande par tant de bonnes
actions et tant de beaux ouvrages, qu'il
nous a surtout paru nécessaire de rappeler ces circonstances. Heureusement
c'est aussi dans un pareil éloge qu'il y a
le moins d'inconvénient à se restreindre :
le souvenir d'un homme tel que M. de
Lacépède est dans tous les cœurs, et il
n'est aucun de mes auditeurs qui ne
puisse suppléer à ce que la brièveté du
temps me forcera d'omettre.

BERNARD-GERMAIN-ÉTIENNE DE LAVILLE, si
connu dans le monde et dans les sciences
sous le titre de Comte de LACÉPÈDE, naquit à Agen le 26 Décembre 1756, de
JEAN-JOSEPH-MÉDARD DE LAVILLE, Lieute-
nant-général de la Sénéchaussée, et de
MARIE DE LAFOND.

Sa famille étoit considérée dans sa province et y avoit contracté des alliances distinguées; mais M. de Lacépède trouva dans les papiers qu'elle conservoit des traces d'une origine beaucoup plus illustre qu'on ne pouvoit la lui supposer. Il crut y découvrir que c'étoit une branche d'une maison connue en Lorraine dès le onzième siècle, et qui prenoit son nom du bourg de *Ville-sur-Ilon,* dans le diocèse de Verdun, maison qui a fourni un régent à la Lorraine, et qui s'est alliée aux princes de Bourgogne, de Lorraine et de Bade, ainsi qu'à beaucoup de familles de notre première noblesse. M. de Lacépède s'y rattachoit par Arnaud de Ville, seigneur de Domp-Julien, que le roi Charles VIII, pendant sa possession éphémère du royaume de Naples, avoit fait duc de Monte-San-Giovanni, et qui, étant devenu gouverneur de Montélimar, se rendit célèbre en histoire naturelle, pour avoir escaladé le premier le mont Aiguille, ce rocher inaccessible qui passoit pour l'une des sept merveilles du Dauphiné[1]. Nous avons même vu un arbre généalogique dressé en Allemagne, où notre académicien prenoit le titre de duc de Mont-Saint-Jean, et où il écarteloit les armes de *Ville* de celles de Lorraine et de Bourgogne ancien. Mais, quoi qu'il en soit d'une filiation qui ne paroît pas avoir été constatée dans les formes reçues en France, nous pouvons dire que cette recherche ne fut pour M. de Lacépède qu'une affaire de curiosité, et que loin de s'en prévaloir, même, comme le disoit un homme d'une haute extraction, contre la vanité des autres, il entra dans le monde bien résolu à ne marquer sa naissance que par une politesse exquise. Chacun peut se souvenir que c'est une

[1] Voyez les mémoires de l'Académie des belles-lettres.

résolution à laquelle il n'a jamais manqué; quelques-uns ont pu trouver même
qu'il mettoit à la remplir une sorte de
superstition; et il est très-vrai qu'il ne
passoit pas volontairement le premier à
une porte, qu'il rendoit toujours le dernier salut, et qu'il n'y avoit point d'auteur, si vain qu'il fût, qui, lui présentant
un ouvrage, ne s'étonnât lui-même des
éloges qu'il en recevoit. Mais ce qui n'est
pas moins vrai, c'est que ces démonstra-
tions n'avoient rien de calculé ni de fac-
tice, et qu'elles prenoient leur source dans
un sentiment profond de bienveillance et
de bonne opinion des autres : aussi tout
le monde rendoit-il à M. de Lacépède la
justice de reconnoître qu'il étoit encore
plus obligeant que poli, et qu'il rendoit
plus de services, qu'il répandoit plus de
bienfaits qu'il ne donnoit d'éloges. Ces
dispositions affectueuses qui l'ont animé
si long-temps, et qu'il a portées plus loin

peut-être qu'aucun autre homme, avoient été profondément imprimées dans son cœur par sa première éducation. M. de Laville, son père, veuf de bonne heure, l'élevoit sous ses yeux avec une tendresse d'autant plus vive, qu'il retrouvoit en lui l'image d'une épouse qu'il avoit fort aimée. Il exigeoit des maîtres qu'il lui donnoit autant de douceur que de lumières, et ne lui laissoit voir que des enfans dont les sentimens répondissent à ceux qu'il désiroit lui inspirer. M. de Chabannes, évêque d'Agen, et ami de M. de Laville, le secondoit dans ces attentions recherchées : il recevoit le jeune Lacépède, l'encourageoit dans ses études et lui permettoit de se servir de sa bibliothèque. Mais tout en ayant l'air de ne pas le gêner dans le choix de ses lectures, M. de Chabannes et M. de Laville s'arrangeoient pour qu'il ne mît la main que sur des livres excellens. C'est ainsi

que pendant toute sa jeunesse il n'avoit
eu occasion de se faire l'idée ni d'un mé-
chant homme ni d'un mauvais auteur.
A douze et à treize ans, selon ce qu'il
dit lui-même dans des mémoires que
nous avons sous les yeux, il se figuroit
encore que tous les poètes ressembloient
à Corneille ou à Racine, tous les histo-
riens à Bossuet, tous les moralistes à
Fénélon ; et sans doute il imaginoit aussi
que l'ambition et le désir de la gloire ne
produisent pas sur les hommes d'autres
effets que ceux que l'émulation avoit fait
naître parmi ses jeunes camarades.

Les occasions de se désabuser ne lui
manquèrent probablement pas pendant
sa longue vie et dans ses diverses car-
rières ; mais elles ne parvinrent point à
effacer tout-à-fait les douces illusions de
son enfance. Son premier mouvement a
toujours été celui d'un optimiste, qui ne
pouvoit croire ni à de mauvais sentimens

ni à de mauvaises intentions; à peine se permettoit-il de supposer que l'on pût se tromper; et ces préventions d'un genre si rare l'ont dirigé dans ses actions et dans ses écrits, non moins que dans ses habitudes de société. Plus d'une fois, dans ses ouvrages, il lui est échappé quelque erreur pour n'avoir pas voulu révoquer en doute le témoignage d'un autre écrivain; et dans les affaires il étoit toujours le premier à chercher des excuses pour ceux qui le contrarioient. Un homme d'esprit a dit de lui qu'il ne savoit pas trouver de tort à un autre, et cela étoit vrai même de ses ennemis ou de ses détracteurs.

Buffon étoit du nombre des auteurs que de bonne heure on lui avoit laissé lire : il le portait avec lui dans ses promenades; c'étoit au milieu du plus beau pays du monde, sur les bords de cette vallée si féconde de la Garonne, en face

de ces collines si riches, de cette vue que
les cimes des Pyrénées terminent si ma-
jestueusement, qu'il se pénétroit des tableaux éloquens de ce grand écrivain ;
sa passion pour les beautés de la nature
naquit donc en même temps que son admiration pour le grand peintre à qui il
devoit d'en avoir plus vivement éprouvé
les jouissances, et ces deux sentimens de-
meurèrent toujours unis dans son ame. Il
prit Buffon pour maître et pour modèle;
il le lut et le relut au point de le savoir
par cœur, et dans la suite il en porta
l'imitation jusqu'à calquer la coupe et
la disposition générale de ses écrits sur
celles de l'Histoire naturelle.

Cependant les circonstances avoient
encore éveillé en lui un autre goût, qui
ne convenoit pas moins à une imagination jeune et méridionale : celui de la musique. Son père, son précepteur, presque
tous ses parens étoient musiciens; ils se

réunissoient souvent pour exécuter des
concerts. Le jeune Lacépède les écoutoit
avec un plaisir inexprimable, et bientôt
la musique devint pour lui une seconde
langue, qu'il écrivit et qu'il parla avec
une égale facilité. On aimoit à chanter
ses airs, à l'entendre toucher du piano
ou de l'orgue. La ville entière d'Agen
applaudit à un motet qu'on l'avoit prié
de composer pour une cérémonie ecclé-
siastique, et de succès en succès il avoit
été conduit jusqu'au projet hardi de
remettre Armide en musique, lorsqu'il
apprit par les journaux que Gluck travailloit aussi à cet opéra. Cette nouvelle
le fit renoncer à son entreprise; mais il
ne put résister à la tentation de communiquer ses essais à ce grand compositeur,
et il en reçut le compliment qui pouvoit
le toucher le plus : Gluck trouva que le
jeune amateur s'étoit plus d'une fois ren-
contré avec lui dans ses idées.

Pendant le même temps, M. de Lacépède s'adonnoit avec ardeur à la physique. Dès l'âge de douze ou treize ans,
et sous les auspices de M. de Chabannes,
il avoit formé avec les jeunes camarades
que la prévoyante sagesse de son père
lui avoit choisis, une espèce d'académie,
dont plusieurs membres sont devenus
ensuite membres ou correspondans de
l'Institut. Leurs occupations, d'abord
conformes à leur âge, devinrent par
degrés plus sérieuses : ils faisoient ensemble des expériences sur l'électricité,
sur l'aimant et sur les autres sujets qui
occupoient le plus alors les physiciens ;
et M. de Lacépède ayant tiré de ces expériences quelques conclusions qui lui
semblèrent nouvelles, le choix de celui
à qui il devoit les soumettre ne fut pas
douteux : il les adressa dans un mémoire
au grand naturaliste dont il admiroit tant
le génie, et il en reçut une réponse non

moins flatteuse que celle du grand musicien. Buffon le cita même en termes ho-
norables dans quelques endroits de ses
Supplémens.

C'étoit, on le croira volontiers, plus
d'encouragement qu'il n'en falloit pour
exalter un homme de vingt ans. Plein
d'espérance et de feu, il accourt à Paris
avec ses partitions et ses registres d'expériences; il y arrive dans la nuit, et le
matin de bonne heure il est au Jardin
du Roi. Buffon, le voyant si jeune, fait
semblant de croire qu'il est le fils de
celui qui lui avoit écrit; il le comble
d'éloges. Une heure après, chez Gluck,
il en est embrassé avec tendresse; il s'en-
tend dire qu'il a mieux réussi que Gluck
lui-même dans le récitatif : *Il est enfin
dans ma puissance,* que Jean-Jacques
Rousseau a rendu si célèbre. Le même
jour, M. de Montazet, archevêque de
Lyon, son parent, membre de l'Acadé-

mie françoise, le garde à un dîner où se
devoit trouver l'élite des académiciens.
On y lit des morceaux de poésie et d'éloquence : il y prend part à une de ces
conversations vives et nourries si rares
ailleurs que dans une grande capitale.
Enfin, il passe le soir dans la loge de
Gluck à entendre une représentation
d'Alceste. Cette journée ressembla à un
enchantement continuel ; il étoit transporté, et ce fut au milieu de ce bonheur
qu'il fit le vœu de se consacrer désormais
à la double carrière de la science et de
l'art musical.

Ses plans étoient bien ceux d'un jeune
homme qui ne connoît encore de la vie
que ses douceurs, et du monde que ce
qu'il a d'attrayant. Rendre à l'art musical, par une expression plus vive et plus
variée, ce pouvoir qu'il exerçoit sur les
anciens et dont les récits nous étonnent
encore ; porter dans la physique cette

élévation de vues et ces tableaux éloquens
par lesquels l'histoire naturelle de Buffon
avoit acquis tant de célébrité : voilà ce
qu'il se proposoit, ce que déjà dans son
idée il se représentoit comme à moitié
obtenu.

On conçoit que ni l'un ni l'autre de
ces projets ne pouvoit se présenter sous
le même jour à de graves magistrats ou
à de vieux officiers tels qu'étoient presque tous ses parens. Non pas qu'ils pen-
sassent comme ce frère de Descartes,
conseiller dans un parlement de province, qui croyait sa famille déshonorée
parce qu'elle avoit produit un auteur ;
les esprits étoient plus éclairés à Agen
vers la fin du dix-huitième siècle qu'en
Bretagne dans le commencement du dix-
septième : mais des personnages âgés et
pleins d'expérience pouvoient craindre
qu'un jeune homme ne présumât trop
de ses forces, et qu'un vain espoir de

gloire n'eût pour lui d'autre effet que de
lui faire manquer sa fortune. D'après
ses liaisons et ses alliances il pouvoit espérer un sort également honorable dans
la robe, dans l'armée ou dans la diplo-
matie : on lui laissoit le choix d'un état,
mais on le pressoit d'en prendre un ; et
sa tendresse pour ses parens l'auroit peut-
être emporté sur ses projets, s'il ne se fût
présenté à lui un moyen inattendu de
sortir d'embarras. Un prince allemand
dont il avoit fait la connoissance à Paris
se chargea de lui procurer un brevet de
colonel au service des Cercles, service
peu pénible, comme on sait, ou plutôt
qui n'en étoit pas un ; car nous appre-
nons de M. de Lacépède, dans ses mémoires, que bien qu'il ait fait vers ce
temps-là deux voyages en Allemagne, il
n'a jamais vu son régiment ; mais enfin,
tel qu'il étoit, ce service donnoit un titre,
un uniforme et des épaulettes ; la famille

s'en contenta, et le jeune colonel eut désormais la permission de se livrer à ses goûts. Ce qu'il y eut de plus plaisant, c'est que bien autrement persuasif que Descartes, il détermina son père lui-même à quitter la robe, à accepter le titre de conseiller d'épée du landgrave de Hesse-Hombourg, et à paroître dans le monde vêtu en cavalier. Ce bon vieillard se proposoit de venir s'établir à Paris avec son fils, lorsque la mort l'enleva après une maladie douloureuse en 1783.

Dans le double plan de vie que M. de Lacépède s'étoit tracé, il y avoit une moitié, celle de la science, où le succès ne dépendoit que de lui-même; mais il en étoit une autre où il ne pouvoit l'espérer que du concours d'une multitude de volontés, que l'on sait assez ne pas se mettre aisément d'accord.

Sur une invitation de Gluck, et en

partie avec les avis de ce grand maître, il avoit composé la musique d'un opéra.[1] Après deux ou trois ans de travail et de sollicitation, il en avoit obtenu une première répétition; deux ans encore après on en fit la répétition générale : les acteurs, l'orchestre et les assistans lui présageoient un grand succès, lorsque l'humeur subite d'une actrice fit tout suspendre. M. de Lacépède supporta cette contrariété, conformément à son caractère, avec douceur et politesse; mais il jura à part lui qu'on ne l'y prendroit plus, et il se décida à ne faire désormais de la musique que pour ses amis.

On auroit regret à cette résolution, si de la théorie que se fait un artiste on pouvoit conclure quelque chose touchant le mérite de ses œuvres. La poétique de

---

1 C'étoit l'opéra d'*Omphale*. Il avoit aussi commencé à travailler sur celui d'*Alcione*.

2

la musique que M. de Lacépède publia en 1785[1] annonce un homme rempli du sentiment de son art, et peut-être un homme qui accorde trop à sa puissance; elle se fonde essentiellement sur le principe de l'imitation : la musique, selon l'auteur, n'est que le langage ordinaire dont on a ôté toutes les articulations, et dont on a soutenu tous les tons en les élevant aussi haut ou en les portant aussi bas que l'ont souffert les voix qui devoient les former et l'oreille qui devoit les saisir, et en leur donnant, par ces deux moyens, une expression plus forte, puisqu'elle est à la fois plus durable, plus étendue et plus variée. Elle exprime plus vivement nos passions et le désordre de nos agitations intérieures, en franchissant de plus grands intervalles de l'échelle musicale et en les franchissant plus rapi-

---

1 Deux volumes in-8.°

dement; elle recueille les cris que la passion arrache, ceux de la douleur, ceux
de la joie, tous les tons, enfin, que la
nature a destinés à accompagner et par
conséquent à caractériser les effets que
la musique veut peindre. De l'identité
du langage, de celle des sentimens qu'ils
ont à exprimer, résultent, pour le musicien, les mêmes devoirs que pour le
poëte. Toute pièce de musique, qu'elle
soit ou non jointe à des paroles, est un
poëme : mêmes précautions dans l'exposition, mêmes règles dans la marche,
même succession dans les passions; tous
les mouvemens en doivent être semblables; il n'est point de caractère, point
de situation que le musicien ne doive et
ne puisse rendre par les signes qui lui
sont propres. L'auteur jugeoit même
possible de rappeler à l'esprit les choses
inanimées, par l'imitation des sons qui
les accompagnent d'ordinaire, ou par

des combinaisons de sons propres à ré-
veiller des idées analogues.

Cet ouvrage, écrit avec feu et plein
de cette éloquence naturelle à un jeune
homme passionné pour son sujet, fut
accueilli avec faveur, surtout par l'un
des deux partis qui divisoient alors les
amateurs de musique, celui des gluckis-
tes, qui y reconnurent les principes de
leur chef exprimés avec plus de netteté
et d'élégance que ce chef ne l'auroit pu
faire. Le grand roi de Prusse Fréderic II,
lui-même, comme on sait, musicien et
poëte, et dont les complimens n'étoient
pas du style de chancellerie, lui écrivit
une lettre flatteuse; et ce qui lui fit peut-
être encore plus de plaisir, le célèbre
Sacchini lui marqua sa satisfaction dans
les termes les plus vifs.

M. de Lacépède, nous devons l'avouer,
ne fut pas aussi heureux dans ses ouvrages de physique, son Essai sur l'électri-

cité[1] et sa Physique générale et particulière[2]. Buffon qui, sur les sens, sur l'instinct, sur la génération des animaux, sur
l'origine des mondes, n'avoit à traiter
que de phénomènes qui échappent encore à l'intelligence, pouvoit, en se bor-
nant à les peindre, mériter le titre qui
lui est si légitimement acquis de l'un de
nos plus éloquens écrivains; il le pouvoit
encore lorsqu'il n'avoit à offrir que les
grandes scènes de la nature ou les rapports multipliés de ses productions, ou
les variétés infinies du spectacle qu'elles
nous présentent; mais aussitôt qu'il veut
remonter aux causes et les découvrir par
les simples combinaisons de l'esprit ou
plutôt par les efforts de l'imagination,
sans démonstration et sans analyse, le
vice de sa méthode se fait sentir aux

---

1 Deux volumes in-12. Paris, 1781.
2 Deux volumes in-12. Paris, 1783.

plus prévenus. Chacun voit que ce n'est qu'en se faisant illusion par l'emploi d'un langage figuré qu'il a pu attribuer à des molécules organiques la formation des cristaux; trouver quelque chose d'intelligible dans ce moule intérieur, cause efficiente, selon lui, de la reproduction des êtres organisés; croire expliquer les mouvemens volontaires des animaux, et tout ce qui chez eux approche de notre intelligence, par une simple réaction mécanique de la sensibilité; semer, en un mot, un ouvrage, dont presque partout le fond et la forme sont également admirables, d'une foule de ces hypothèses vagues, de ces systèmes fantastiques qui ne servent qu'à le déparer. A plus forte raison un pareil langage ne pouvoit-il être reçu avec approbation dans des matières telles que la physique, où déjà le calcul et l'expérience étoient depuis long-temps reconnus comme les

seules pierres de touche de la vérité. Ce
n'est pas lorsqu'un esprit juste a été
éclairé de ces vives lumières qu'il préfé-
rera une période compassée à une observation positive, ou une métaphore à
des nombres précis. Ainsi, avec quelque
talent que M. de Lacépède ait soutenu
ses hypothèses, les physiciens se refu-
sèrent à les admettre, et il ne put faire
prévaloir ni son opinion que l'électricité
est une combinaison du feu avec l'humidité de l'intérieur de la terre, ni celle que
la rotation des corps célestes n'est qu'une
modification de l'attraction, ni d'autres
systèmes que rien n'appuyoit et que rien
n'a confirmés. Mais, si la vérité nous
oblige de rappeler ces erreurs de sa jeunesse, elle nous oblige de déclarer aussi
qu'il se garda d'y persister. Il n'acheva
point sa Physique, et dans la suite il re-
tira autant qu'il le put les exemplaires
de ces deux ouvrages, qui en conséquence

sont devenus aujourd'hui assez rares.

Heureusement pour sa gloire, Buffon qui ne pouvoit avoir sur cette méthode les mêmes idées que son siècle, et qui, peut-être, avec cette foiblesse trop naturelle aux vieillards, trouvoit dans les aberrations mêmes que nous venons de signaler un motif de plus de s'attacher à son jeune disciple, lui rendit le service de lui ouvrir une voie où il pourroit exercer son talent sans contrevenir aux lois impérieuses de la science.

Il lui proposa de continuer la partie de son Histoire naturelle qui traite des animaux; et pour qu'il pût se livrer plus constamment aux études qu'exigeoit un pareil travail, il lui offrit la place de garde et sous-démonstrateur du Cabinet du Roi, dont Daubenton le jeune venoit de se démettre[1]. L'héritage étoit trop

---

1 En 1785.

beau pour que M. de Lacépède ne l'ac-
ceptât pas avec une vive reconnoissance,
et avec toutes ses charges ; car cette place
en étoit une et une grande. Fort assu-
jettissante et un peu subalterne, elle cor-
respondoit mal à sa fortune et au rang
qu'il s'étoit donné dans le monde ; et
toutefois il lui suffit de l'avoir acceptée,
pour en remplir les devoirs avec autant
de ponctualité qu'auroit pu le faire le
moindre gagiste. Tout le temps qu'elle
resta sur le même pied, il se tenoit les
jours publics dans les galeries, prêt à
répondre avec sa politesse accoutumée
à toutes les questions des curieux, et ne
montrant pas moins d'égards aux plus
pauvres personnes du peuple , qu'aux
hommes les plus considérables ou aux
savans les plus distingués. C'étoit ce que
bien peu d'hommes dans sa position auroient voulu faire; mais il le faisoit pour
plaire à un maître chéri, pour se rendre

digne de lui succéder, et cette idée en-
noblissoit tout à ses yeux.

Dès 1788, quelques mois encore avant
la mort de Buffon, il publia le premier
volume de son Histoire des reptiles, qui
comprend les quadrupèdes ovipares, et
l'année suivante il donna le second, qui
traite des serpens.[1]

Cet ouvrage, par l'élégance du style,
par l'intérêt des faits qui y sont recueillis, fut jugé digne du livre immortel
auquel il faisoit suite, et on lui trouva
même, relativement à la science, des
avantages incontestables. Il marque les
progrès qu'avoient faits les idées, depuis
quarante ans que l'Histoire naturelle
avoit commencé à paroître, progrès qui
avoient été préparés par les travaux
même de l'homme qui s'étoit le plus ef-

[1] Histoire naturelle générale et particulière des quadrupèdes ovipares; 1 vol. in-4.°, 1788. — Des serpens;
1 vol. in-4.°, 1789.

forcé de les combattre ; et en le considé-
rant sous un autre point de vue, il peut
servir aussi de témoin des progrès que
la science a faits pendant les quarante
ans écoulés depuis qu'il a paru.

On n'y voit plus rien de cette antipa-
thie pour les méthodes et pour une no-
menclature précise à laquelle Buffon s'est
laissé aller en tant d'endroits. M. de
Lacépède établit des classes, des ordres,
des genres ; il caractérise nettement ces
subdivisions ; il énumère et nomme avec
soin les espèces qui doivent se ranger
sous chacune d'elles : mais s'il est aussi
méthodique que Linnæus, il ne l'est pas
plus philosophiquement. Ses ordres, ses
genres, ses divisions de genres, sont les
mêmes, fondés sur des caractères très-ap-
parens, mais souvent peu d'accord avec
les rapports naturels. Il s'inquiète peu de
l'organisation intérieure. Les grenouilles,
par exemple, y demeurent dans le même

ordre que les lézards et que les tortues,
parce qu'elles ont quatre pieds; les reptiles bipèdes en sont séparés, parce qu'ils
n'en ont que deux ; les salamandres ne
sont pas même distinguées des autres
lézards par le genre. Quant au mombre
des espèces, cet ouvrage rend l'augmentation actuelle de nos richesses encore
plus sensible que les perfectionnemens
de nos méthodes. M. de Lacépède, quoique peut-être le plus favorisé des naturalistes de son temps, puisqu'il avoit à
sa disposition le cabinet que l'on regar-
doit généralement comme le plus consi-
dérable, n'en compta que 288, dont au
moins 80 n'étoient pas alors au Muséum
et avoient été prises dans d'autres auteurs; et le même cabinet, sans avoir à
beaucoup près encore tout ce qui est
connu, en possède maintenant plus de
900. Remarquons cependant que M. de
Lacépède, à l'exemple de Buffon et de

Linnæus, étoit trop enclin à réunir beaucoup d'espèces, comme si elles n'en eus-
sent formé qu'une seule, et que c'est ainsi
qu'il n'a admis qu'un crocodile et qu'un
monitor, au lieu de dix ou de quinze de
ces reptiles qui existent réellement; d'où
il est arrivé qu'il a placé le même animal dans les deux continens, lorsque
souvent on ne le trouveroit que dans
un canton assez borné de l'un ou de
l'autre : mais ces erreurs étoient inévitables à une époque où l'on n'avoit pas,
comme aujourd'hui, des individus au-
thentiques apportés de chaque contrée
par des voyageurs connus et instruits.

Buffon venoit de mourir. Ce deuxième
volume est terminé par un éloge de ce
grand homme, ou plutôt par un hymne
à sa mémoire, par un dithyrambe éloquent, que l'auteur suppose chanté dans
la réunion des naturalistes, « en l'honneur
« de celui qui a plané au-dessus du globe

« et de ses âges, qui a vu la terre sortant
« des eaux, et les abîmes de la mer peu-
« plés d'êtres dont les débris formeront
« un jour de nouvelles terres ; de celui
« qui a gravé sur un monument plus du-
« rable que le bronze les traits augustes
« du Roi de la création, et qui a assigné
« aux divers animaux leur forme, leur
« physionomie, leur caractère, leur pays
« et leur nom. » Telles sont les expressions pompeuses et magnifiques dans lesquelles s'exhalent les sentimens qui remplissent le cœur de M. de Lacépède. Ils y
sont portés jusqu'à l'enthousiasme le plus
vif ; mais c'est un Buffon qui l'inspire,
et il l'inspire à son ami, à son jeune
élève, à celui qu'il a voulu faire héritier
de son nom et de sa gloire. Sans doute le
bonheur est grand des hommes qui après
eux peuvent laisser de telles impressions ;
mais c'en est un aussi, et peut-être un
plus grand, de les éprouver à ce degré.

A cette époque un changement se pré-
paroit dans l'existence jusque-là si douce
de notre jeune naturaliste. Des événemens aussi grands que peu prévus venoient de tout déplacer en France. Le
pouvoir n'étoit plus que le produit jour-
nalier de la faveur populaire, et chaque
mois voyoit tomber à l'essai quelque
grande réputation, ou s'élever du sein de
l'obscurité quelque personnage jusque-là
inaperçu. Tout ce que la France avoit
d'hommes de quelque célébrité, furent
successivement invités ou entraînés à
prendre part à cette grande et dangereuse loterie; et M. de Lacépède, que
son existence, sa réputation littéraire,
et une popularité acquise également par
l'aménité et par la bienfaisance, dési-
gnoient à toutes les sortes de suffrages,
eut moins de facilité qu'un autre à se
soustraire au torrent. On le vit successivement président de sa section, com-

mandant de garde nationale, député extraordinaire de la ville d'Agen près de
l'Assemblée constituante, membre du
conseil général du département de Paris,
président des électeurs, député à la première législature[1], et président de cette
assemblée[2]. Plus d'une fois placé dans
les positions les plus délicates, il y porta
ces sentimens bienveillans qui faisoient
le fond de son caractère, et ces formes
agréables qui en embellissoient l'expression ; mais à une pareille époque ce
n'étoient pas ces qualités qui pouvoient
donner de la prépondérance ; elles ne
touchoient guère ni les furieux qui as-
sailloient autour de l'assemblée ceux qui
ne votoient pas à leur gré, ni les lâches
qui les insultoient dans les journaux; ou
plutôt ces attaques, ces injures, n'étoient
plus qu'un mouvement imprimé et ma-

1 En Septembre 1791.
2 Le 30 Novembre de la même année.

chinal qui emportoit tout le monde; elles ne conservoient de signification ni pour ceux qui croyoient diriger, ni pour ceux dont ils faisoient leurs victimes. Un jour M. de Lacépède vit dans un journal son nom en tête d'un article intitulé : *Liste des scélérats qui votent contre le peuple,* et le journaliste étoit un homme qui venoit souvent dîner chez lui : il y vint après sa liste comme auparavant. « Vous m'avez traité bien du- « rement, lui dit avec douceur son hôte. « — Et comment cela, Monsieur? — « Vous m'avez appelé scélérat! — Oh! « ce n'est rien : *scélérat* est seulement « un terme pour dire qu'on ne pense « pas comme nous. »

Cependant ce langage produisit à la fin son effet sur une multitude qui n'avoit pas encore su se faire un double dictionnaire; et ceux qui ne le parloient pas se virent obligés de céder la place.

3

M. de Lacépède fut un des derniers à croire à cette nécessité. La bonne opinion qu'il avoit des hommes étoit trop enracinée pour qu'il ne se persuadât pas que bientôt la vérité et la justice l'emporteroient ; mais en attendant leur victoire, ses amis, qui ne la croyoient pas si prochaine, l'emmenèrent à la campagne, et presque de force. Il vouloit même de temps en temps revenir dans ce cabinet où le rappeloient ses études, et dans sa bonne foi rien ne lui sembla plus simple que d'en faire demander la permission à Robespierre. Heureusement le monstre eut ce jour-là un instant d'humanité. « *Il est à la campagne ? dites-lui qu'il* « *y reste.* » Telle fut sa réponse, et elle fut prononcée d'un ton à ne pas se faire répéter la demande. Il est certain qu'une heure de séjour dans la capitale eût été l'arrêt de mort de M. de Lacépède. Des hommes qui souvent avoient reçu ses bienfaits à sa porte, et qui ne pouvoient juger de ses sentimens que par ce qu'ils avoient entendu dire à ses domestiques, étoient devenus les arbitres du sort de leurs concitoyens : ils en avoient assez appris pour connoître sa modération, et à leurs yeux elle étoit un crime; sa bienfaisance en étoit encore un plus grand, parce que le souvenir en blessoit leur orgueil. Déjà plus d'une fois ils avoient cherché à connoître sa retraite, et il se crut enfin obligé, pour ne laisser aucun prétexte aux persécutions, de donner sa démission de sa place au Muséum. Ce ne fut qu'après le 9 Thermidor qu'il put rentrer à Paris.

Il revint avec un titre singulier pour un homme de quarante ans, déjà connu par tant d'ouvrages : celui d'élève de l'école normale.

La Convention, abjurant enfin ses fureurs, avoit cru pouvoir créer aussi rapidement qu'elle avoit détruit ; et pour rétablir l'instruction publique, elle avoit imaginé de former des professeurs en faisant assister des hommes déjà munis de quelque instruction aux leçons de savans célèbres qui n'auroient à leur montrer que les meilleures méthodes d'enseigner. Quinze cents individus furent envoyés à cet effet à Paris, choisis dans tous les départemens, mais comme on pouvoit choisir alors : quelques-uns à peine dignes de présider à une école primaire ; d'autres égaux pour le moins à leurs maîtres par l'âge et la célébrité. M. de Lacépède s'y trouvoit sur les bancs avec M. de Bougainville, septuagénaire, officier-général de terre et de mer, écrivain et géomètre également fameux ; avec le grammairien de Wailly, non moins âgé, et auteur devenu classique depuis quarante ans ; avec notre savant collègue M. Fourrier. M. de La Place lui-même, et c'est tout dire, y parut d'abord comme élève, et aux côtés de pareils hommes siégeoient des villageois qui à peine savoient lire correctement. Enfin, pour compléter l'idée que l'on doit se faire de cette réunion hétérogène, l'art d'enseigner y devoit être montré par des hommes très-illustres sans doute, mais qui ne l'avoient jamais pratiqué : les Volney, les Berthollet, les Bernardin de Saint-Pierre. Cependant, qui le croiroit? cette conception informe produisit un grand bien, mais tout différent de celui qu'on avoit eu en vue. Les hommes éclairés que la terreur avoit dispersés et isolés, se retrouvèrent; ils reformèrent une masse respectable, et s'enhardirent à exprimer leurs sentimens, bien opposés à ceux qui dirigeoient la multitude et ses chefs. Ceux d'entre eux qui s'étoient cachés dans les provinces étoient accueillis comme des hommes qui viendroient d'échapper à

un naufrage : la considération, les pré-
venances les entouroient, et M. de Lacépède, outre sa part dans l'intérêt commun, avoit encore celle qui lui étoit due
comme savant distingué, comme écrivain habile, et comme ami et familier
de ce que le régime précédent avoit eu
de plus respectable.

Depuis sa démission, il n'étoit plus
légalement membre de l'établissement
du Jardin du Roi, et il n'avoit pas été
compris dans l'organisation que l'on en
avait faite pendant son absence ; mais à
peine fut-il permis de prononcer son
nom sans danger pour lui, que ses col-
lègues s'empressèrent de l'y faire rentrer.
On créa à cet effet une chaire nouvelle,
affectée à l'histoire des reptiles et des
poissons, en sorte qu'on lui fit un devoir spécial précisément de l'étude que
depuis si long-temps il avoit choisie par
goût. Ses leçons obtinrent le plus grand

succès ; on y voyoit accourir en foule
une jeunesse privée depuis trois ou quatre ans de tout enseignement, et qui en
étoit, pour ainsi dire, affamée. La politesse du professeur, l'élégance de son
langage, la variété des idées et des connoissances qu'il exposoit, tout, après cet
intervalle de barbarie qui avoit paru si
long, rappeloit pour ainsi dire un autre
siècle. Ce fut alors, surtout, qu'il prit
dans l'opinion le rang du véritable suc-
cesseur de Buffon ; et en effet on en retrouvoit en lui les manières distinguées :
il montroit le même art d'intéresser aux
détails les plus arides ; et de plus, à cette
époque où Daubenton touchoit au terme
de sa carrière, M. de Lacépède restoit
seul de cette grande association qui avoit
travaillé à l'Histoire naturelle. C'est à ce
titre qu'il fut hautement appelé à faire
partie du noyau de l'Institut, et qu'il
se trouva ainsi l'un de ceux qui furent

chargés de renouveler l'Académie des
sciences, cette Académie dont, quelques
années auparavant, le souvenir de ses
ouvrages de physique lui auroit peut-être
rendu l'entrée assez difficile. Il s'agissoit
d'y rappeler plusieurs de ceux qui l'a-
voient repoussé, et pour tout autre cette
position auroit pu être délicate; mais,
nous l'avons déjà vu, il étoit incapable
de se souvenir d'un tort, et les hommes
dont nous parlons ne furent pas ceux
dont il s'empressa le moins d'accueillir
les sollicitations. Il a été l'un de nos
premiers secrétaires [1], et son bel éloge
historique de Dolomieu fera toujours re-
gretter qu'il ait été enlevé par de hautes
dignités à un poste qu'il auroit rempli
mieux que personne. Déjà dans sa première jeunesse il avoit célébré avec la
chaleur de son âge le dévouement du

---

[1] En 1797 et 1798.

prince Léopold de Brunswick, mort en essayant de sauver des malheureux victimes d'une grande inondation. [1]

Il paroît cependant qu'au milieu de ces causes nombreuses de célébrité, son nom n'arriva pas à tous les membres de l'administration du temps ; et l'on n'a pas oublié le conte de ce ministre du Directoire, qui, revenant de faire sa visite officielle au Muséum, et interrogé par quelqu'un s'il avoit vu Lacépède, répondit qu'on ne lui avoit montré que la girafe, et se fâcha beaucoup de ce qu'on ne lui eût pas fait tout voir. Nous rappelons cette aventure burlesque parce qu'elle peint l'époque.

De toutes les occupations auxquelles M. de Lacépède avoit été contraint de se livrer, les sciences seules, comme c'est

[1] En 1786 il a aussi publié un éloge de Daubenton, et un de Vandermonde. Ce dernier est imprimé dans le premier volume de la classe des sciences de l'Institut.

leur ordinaire, lui avoient été fidèles à l'époque du malheur, et c'étoit avec elles qu'il s'étoit consolé dans sa retraite. Reprenant les habitudes de sa jeunesse, passant les journées au milieu des bois ou au bord des eaux, il avoit tracé le plan de son Histoire des poissons, le plus important de ses ouvrages. Aussitôt après son retour il s'occupa de la rédiger, et au bout de deux ans, en 1798, il se vit en état d'en faire paroître le premier volume : il y en a eu successivement cinq, dont le dernier est de 1803.

Cette classe nombreuse d'animaux, peut-être la plus utile pour l'homme après les quadrupèdes domestiques, est la moins connue de toutes : c'est aussi celle qui se prête le moins à des développemens intéressans : froids et muets, passant une grande partie de leur vie dans des abîmes inaccessibles, exempts de ces mouvemens passionnés qui rap-

prochent tant les quadrupèdes de nous,
ne montrant rien de cette tendresse con-
jugale, de cette sollicitude paternelle
qu'on admire dans les oiseaux, ni de ces
industries si variées, si ingénieuses, qui
rendent l'étude des insectes aussi importante pour la philosophie générale que
pour l'histoire naturelle, les poissons
n'ont presque à offrir à la curiosité que
des configurations et des couleurs dont
les descriptions rentrent nécessairement
dans les mêmes formes, et impriment
aux ouvrages qui en traitent une mono-
tonie inévitable. M. de Lacépède a fait
de grands efforts pour vaincre cette dif-
ficulté, et il y est souvent parvenu : tout
ce qu'il a pu recueillir sur l'organisation
de ces animaux, sur leurs habitudes, sur
les guerres que les hommes leur livrent,
sur le parti qu'ils en tirent, il l'a exposé
dans un style élégant et pur; il a su
même répandre du charme dans leurs

descriptions toutes les fois que les beautés qui leur ont aussi été départies dans
un si haut degré permettoient de les offrir à l'admiration des naturalistes. Et
n'est-ce pas en effet un grand sujet d'admiration que ces couleurs brillantes, cet
éclat de l'or, de l'acier, du rubis, de
l'émeraude, versés à profusion sur des
êtres que naturellement l'homme ne doit
presque pas rencontrer, qui se voient à
peine entre eux dans les sombres profondeurs où ils sont retenus! mais encore
les paroles ne peuvent avoir ni la même
variété, ni le même éclat ; la peinture
même seroit impuissante pour en reproduire la magnificence.

Toutefois les difficultés dont nous parlons ne sont relatives qu'à la forme et ne
naissent que du désir si naturel à un
auteur qui succède à Buffon, de se faire
lire par les gens du monde. Il en est qui
tiennent de plus près au fond du sujet,

et dont les hommes du métier peuvent seuls se faire une idée. Avant d'écrire sa première page sur une classe quelconque d'êtres, le naturaliste, qui veut mériter ce nom, doit avoir recueilli autant d'espèces qu'il lui est possible, les avoir comparées à l'intérieur et à l'extérieur, les avoir groupées d'après l'ensemble de leurs caractères, avoir démêlé dans les articles confus, incomplets, souvent contradictoires de ses prédécesseurs, ce qui concerne chacune d'elles, y avoir rapporté les observations souvent encore plus confuses, plus obscures, de voyageurs la plupart ignorans ou superstitieux, et cependant les seuls témoins qui aient vu ces êtres dans leur climat natal, et qui aient pu parler de leurs habitudes, des avantages qu'ils procurent, des dommages qu'ils occasionnent. Pour apprécier ces témoignages, il faut qu'il connoisse toutes les circonstances où les auteurs

qu'il consulte se sont trouvés, leur caractère moral, leur degré d'instruction; il
devroit presque lire toutes les langues :
l'historien de la nature, en un mot, ne
peut se passer d'aucune des ressources
de la critique, de cet art de reconnoître
la vérité, si nécessaire à l'historien des
hommes, et il doit y joindre encore une
multitude d'autres talens.

M. de Lacépède, lorsqu'il composa son
ouvrage sur les poissons, ne se trouvoit
pas dans des circonstances où les ressources dont nous parlons fussent toutes
à sa disposition. L'anatomie des poissons
n'étoit pas assez avancée pour lui fournir
les bases d'une distribution naturelle.
Une guerre générale avoit établi une
barrière presque infranchissable entre
la France et les autres pays; elle nous
fermoit les mers et nous séparoit de nos
colonies. Ainsi les livres étrangers ne
nous parvenoient point; les voyageurs

ne nous apportoient point ces collections
si nombreuses et si riches, qui nous sont
arrivées aussitôt que la mer a été libre;
Péron même, qui avoit voyagé pendant
la guerre, n'arriva que lorsque l'ouvrage
fut terminé. L'auteur ne put donc prendre pour sujets de ses observations que
les individus recueillis au Cabinet du
Roi avant la guerre, et ceux que lui offrit le cabinet du Stadthouder, qui avoit
été apporté à Paris lors de la conquête
de la Hollande. Parmi les naturalistes
qui l'avoient précédé, il choisit Gmelin
et Bloch pour ses principaux guides, et
peut-être les suivit-il trop fidèlement,
constant comme il étoit à observer avec
les écrivains la même politesse que dans
la société. Les dessins et les descriptions
manuscrites de Commerson, et des peintures faites autrefois par Aubriet sur des
dessins de Plumier, furent à peu près
les seules sources inédites où il lui fut

possible de puiser; et néanmoins, avec des matériaux si peu abondans, il réussit à porter à plus de 1500 les poissons dont il traça l'histoire; et en estimant au plus haut le nombre des doubles emplois, presque inévitables dans un écrit pareil, et qu'en effet il n'a pas toujours évités, il lui restera de 12 à 1300 espèces certaines et distinctes. Gmelin n'en avoit alors qu'environ 800, et Bloch, dans son grand ouvrage, ne passe pas 450; il n'en a pas plus de 1400 dans son *Systema,* qui a paru après les premiers volumes de M. de Lacépède, et qui a été rédigé dans des circonstances bien plus favorables.

Ces nombres paroîtront encore assez foibles à ceux qui sauront qu'aujourd'hui le seul Cabinet du Roi possède plus de 4000 espèces de poissons; mais telle a été dans le monde entier, depuis la paix maritime, l'activité scientifique, que toutes les collections ont doublé et triplé, et qu'une ère entièrement nouvelle a commencé pour l'histoire de la nature. Cette circonstance n'ôte rien au mérite de l'écrivain qui a fait tout ce qui étoit possible à l'époque où il travailloit; et tel a été M. de Lacépède. Encore aujourd'hui il n'existe sur l'histoire des poissons aucun ouvrage supérieur au sien : c'est lui que l'on cite dans tous les écrits particuliers sur cette matière. Celui du naturaliste anglais George Shaw n'en est guère qu'un extrait rangé d'après le système de Linnæus. Lors même qu'on aura réuni dans un autre ouvrage les immenses matériaux qui ont été accumulés dans ces dernières années, on ne fera point oublier les morceaux brillans de coloris et pleins de sensibilité, et d'une haute philosophie, dont M. de Lacépède a enrichi le sien. La science, par sa nature, fait des progrès chaque jour ; il n'est

point d'observateur qui ne puisse renché-
rir sur ses prédécesseurs pour les faits,
ni de naturaliste qui ne puisse perfectionner leurs méthodes ; mais les grands
écrivains n'en demeurent pas moins im-
mortels.

L'histoire naturelle des poissons fut
suivie, en 1804, de celle des cétacées [1],
qui termine le grand ensemble des animaux vertébrés. M. de Lacépède la re-
gardoit comme le plus achevé de ses
ouvrages ; et en effet il y a mieux fondu
que dans aucun autre la partie descrip-
tive et historique, celle de l'organisation,
et les caractères méthodiques. Son style
s'y est élevé en quelque sorte à proportion de la grandeur des objets : il augmente à peu près d'un tiers le nombre
des espèces enregistrées avant lui dans le

---

1 Histoire naturelle générale et particulière des cétacées ; 1 vol. in-4.° ou vol. in 12. Paris, 1804.

grand catalogue des êtres; mais dès-lors
cette partie de la science a fait aussi ses
progrès. L'ouvrage posthume de Pierre
Camper, et ceux de quelques autres naturalistes, en ont beaucoup éclairé l'os-
téologie. Quant à l'histoire des espèces,
elle présentera toujours de grandes difficultés, parce que leur taille ne permet
pas de les rassembler en grand nombre
dans les collections, ni d'en faire une
comparaison immédiate, et on ne peut
trop le redire, sans la comparaison immédiate, il n'est point de certitude en
histoire naturelle.

C'étoit peut-être pour soustraire enfin
le sort de ses travaux à cette influence
de l'augmentation progressive et inévitable des connoissances, que M. de Lacépède, dans les derniers temps, les
avoit dirigés sur des sujets plus philoso-
phiques, plus susceptibles de prendre
une forme arrêtée, ou du moins de ne

pas vieillir à chaque agrandissement de nos collections. Il méditoit une histoire des âges de la nature, dans laquelle il comprenoit celle de l'homme considéré dans ses développemens individuels et dans ceux de son espèce. L'article de l'*homme*, dans le Dictionnaire des sciences naturelles, est une sorte de programme, un tableau raccourci et élégant de ce qu'il avoit en vue pour l'histoire physique du genre humain; les romans[1] qu'il a publiés à la même époque n'étoient à ses yeux que des études sur notre histoire morale; mais au milieu de ses méditations sur l'humanité en général, les développemens graduels de l'organisation sociale eurent pour lui un attrait plus particulier. Le naturaliste se changea par degrés en historien, et il

---

1 Le premier est intitulé *Ellival et Caroline*, 2 vol. in-12, 1816; et le second *Charles d'Ellival et Alphonsine de Florentino*, 3 vol. in-12, 1817.

se trouva insensiblement avoir travaillé seulement sur la dernière période de ses âges de la nature, sur celle qui embrasse les établissemens politiques et religieux des siècles écoulés depuis la chute de l'Empire d'Occident. On en a trouvé l'histoire complète dans ses papiers, et il en a déjà été publié quelques volumes.

Les lecteurs de cet ouvrage ont dû être frappés de la grandeur du plan et de la hardiesse avec laquelle il présente de front les événemens arrivés à chaque époque sur le vaste théâtre de l'Europe. Ils ont dû y reconnoître aussi le caractère constant de l'auteur : l'étonnement mêlé d'horreur que lui causent les crimes; la disposition à croire à la pureté des intentions; l'espérance de voir enfin améliorer l'état général de l'espèce humaine. Si cette histoire n'a pas l'intérêt dramatique de celles qui se restreignent à un pays particulier et qui peuvent faire ressortir d'une manière plus saillante leurs personnages de prédilection, elle n'en est pas moins remarquable par l'élégance continue du style et par la clarté avec laquelle s'y développent des événemens si nombreux et si compliqués; mais on ne pourra en porter un jugement définitif que lorsque le public la possédera dans son entier. [1]

---

[1] Aux grands ouvrages de M. de Lacépède, dont il a été parlé dans son éloge, on doit ajouter de nombreux mémoires imprimés dans divers recueils, tels que:

Dans les Mémoires de l'Institut.

1796. — Notice sur la vie et les ouvrages de Vandermonde, vol. 1.

1797. — Mémoire sur l'origine de la vue d'un poisson auquel on a donné le nom de *Cobite anableps*, vol. 2.

1798. — Mémoire sur une nouvelle table méthodique de la classe des oiseaux, vol. 3.

1798. — Mémoire sur une nouvelle classification méthodique des animaux mammifères, vol. 3.

1800. — Mémoire sur le genre des Myrmécophages, vol. 6.

M. de Lacépède étoit destiné à une per-
pétuelle alternative d'activité littéraire
et d'activité politique. Un gouvernement
nouveau, qui avoit besoin d'appui dans
l'opinion, s'empressa de rechercher un
homme également aimé et estimé des
gens de lettres et des hommes du monde.
On le revit donc, bientôt après le 18
Brumaire, dans les places éminentes :

Dans les Annales du Muséum.

1803. — Observations sur un genre de Serpent qui n'a
pas encore été décrit. Ann. tome 2, pag.
280 - 284.

Ibid. — Mémoire sur deux espèces de quadrupèdes ovipares qu'on n'a pas encore décrites. Ann.
tome 2, pag. 351 - 359.

1804. — Mémoire sur plusieurs animaux de la Nouvelle-
Hollande, dont la description n'a pas encore
été publiée. Ann. tome. 4, pag. 184 - 211.

1805. — Mémoire sur le grand plateau de l'intérieur
de l'Afrique. Ann. tome 6, pag. 284 - 297.

1807. — Des hauteurs et des positions correspondantes
des principales montagnes du globe, et de
l'influence de ces hauteurs et de ces posi-

sénateur en 1799; président du sénat en
1801; grand-chancelier de la Légion-
d'honneur en 1803; titulaire de la séna-
torerie de Paris en 1804; ministre d'État

tions sur les habitations des animaux, Ann.
tome 9, pag. 303-318.

1807. — Sur une espèce de quadrupède ovipare non
encore décrite. Ann. tom. 10, p. 230-233.

Ibid. — Sur un poisson fossile trouvé dans une couche
de gypse à Montmartre, près de Paris. Ann.
tom. 10, pag. 234-235.

1818. — Notes sur des Cétacées des mers voisines du
Japon. Mém. du Mus., t. 4, p. 467-475.

Dans le Magasin encyclopédique.

1795. — De l'industrie et de la sensibilité des oiseaux,
1.re année, tom. 1, pag. 448.

1798. — Considérations sur les parties du globe dans
lesquelles on n'a pas encore pénétré, 4.e
année, tom. 1, p. 420, et tom. 2, p. 408.

1799. — Sur une nouvelle Carte zoologique, 5.e année,
tom. 4, pag. 222.

Ibid. — Mémoire sur quelques phénomènes du vol et
de la vue des oiseaux, 5.e année, tom. 6,
pag. 525.

1801. — Sur les conséquences que l'on peut tirer relativement à la théorie de la terre, de la dis-

la même année; et rien ne prouve mieux à quel point le gouvernement avoit été bien inspiré, que ce qui fut avoué par plusieurs des émigrés rentrés à cette

tribution actuelle des différentes espèces d'animaux sur le globe, 6.ᵉ année, tom. 6, pag. 568.

1808. — Rapport sur les os fossiles envoyés à l'Institut par M. Jefferson, 13.ᵉ année, t. 6, p. 176.

Imprimés à part in-4.°, chez Plassan.

1798. — Discours d'ouverture et de clôture du cours d'histoire naturelle donné dans le Muséum l'an 6.

1799. — Discours d'ouverture et de clôture du cours d'histoire naturelle donné dans le Muséum l'an 8, et Tableau méthodique des mammifères et des oiseaux.

1800. — Discours d'ouverture et de clôture du cours d'histoire naturelle donné dans le Muséum l'an 8.

1801. — Discours d'ouverture et de clôture du cours de zoologie donné au Muséum l'an 9.

M. de Lacépède a donné en 1799 une nouvelle édition de l'Histoire naturelle de Buffon, en 52 volumes in 12. Il a fait aussi la préface de la Ménagerie du Muséum, imprimée in-fol. en 1801.

époque ; c'est qu'à la vue du nom de Lacépède sur la liste du sénat, ils s'é- toient crus rassurés contre le retour des violences et des crimes.

C'étoit aussi dans cette persuasion qu'il acceptoit ces honneurs, et sans doute il ne prévoyoit alors ni les événemens sans exemple qui succédèrent, ni la part qu'il se vit obligé d'y prendre. On s'en sou- vient trop pour que nous ayons besoin d'en parler en détail ; mais nous ne croyons pas avoir non plus besoin de l'en justifier. Déjà l'on n'est pas soi- même quand on parle au nom d'un corps qui vous dicte les sentimens que vous devez exprimer et les termes dont vous devez vous servir ; et lorsque ce corps n'est libre dans le choix ni des uns ni des autres, tout vestige de person- nalité a disparu. Mais ceux qui, en de telles circonstances, ont eu le bonheur de conserver leur obscurité, devroient

penser qu'il y a quelque chose d'injuste
à reprocher à l'organe d'une compagnie
les paroles et les actes que la compagnie
lui impose ; et peut-être même à vouloir
qu'une compagnie ait conservé quelque
liberté devant celui qui n'en laissoit à
aucun souverain. Si elle répétoit ces paroles de l'Évangile : *Que celui qui est
sans péché jette la première pierre,*
quels seroient, dans l'Europe continen-
tale, les princes ou les hommes en pouvoir qui oseroient se lever ?

Toutefois encore, dans ces discours
obligés, avec quelle énergie l'amour de
la paix, le besoin de la paix se montrent
à chaque phrase ! et combien, au milieu
de ce qui peut paroître flatterie, on essaie de donner des leçons ! C'est qu'en
effet c'étoit la seule forme sous laquelle
des leçons pussent être écoutées ; mais
elles furent inutiles : elles ne pouvoient
arrêter le cours des destinées.

Pour juger l'homme public dans M.
de Lacépède, c'est dans l'administration
de la Légion d'honneur qu'il faut le voir.
Cette institution lui avoit apparu sous
l'aspect le plus grand et le plus noble,
destinée (ce sont ses termes) à rétablir
le culte du véritable honneur, et à faire
revivre sous de nouveaux emblêmes
l'ancienne chevalerie, épurée des taches
que lui avoient imprimées les siècles d'i-
gnorance, et embellie de tout ce qu'elle
pouvoit tenir des siècles de lumière. Il
travailloit avec une constance infatigable
à l'établir sur la base solide de la propriété. Déjà les revenus de ses domaines
s'étoient accrus à un très-haut degré; de
savans agronomes s'occupoient d'en faire
des modèles de culture, et ils pouvoient
devenir aussi utiles à l'industrie, que
l'institution même au développement
moral de la nation, lorsque le fonda-
teur, effrayé comme il le fut toujours

de ses propres créations, les fit vendre
et remplacer par des rentes sur le trésor. D'autres plans alors furent conçus.
Une forte somme devoit être employée
chaque année à mettre en valeur les terrains incultes que le domaine possédoit
dans toute la France : l'emploi devoit
en être dirigé par les hommes les plus
expérimentés. L'État pouvoit s'enrichir
ainsi, sans conquêtes, de propriétés pro-
ductives égales en étendue à plus d'un
département. Les événemens arrêtèrent
ces nouvelles vues ; mais rien n'empê-
chera de les reprendre, aujourd'hui que
tant d'expériences ont montré ce que
peuvent des avances faites avec jugement et des projets suivis avec persé-
vérance.

Chacun se souvient avec quelle affa-
bilité M. de Lacépède recevoit les légionnaires ; comment il savoit renvoyer con-
tens ceux-là même qu'il étoit contraint

de refuser : mais ce que peut-être on sait moins, c'est le zèle avec lequel il prenoit leurs intérêts et les défendoit dans l'occasion. Je n'en citerai qu'un exemple. Des croix avoient été accordées après une campagne ; le maître apprend que le major-général en a fait donner par faveur à quelques officiers qui n'avoient pas le temps nécessaire : il commande au grand-chancelier de les leur faire reprendre. En vain celui-ci représente la douleur qu'éprouveront des hommes déjà salués comme légionnaires. Rien ne touchoit un chef irrité. « *Eh bien !* dit M. de Lacépède, *je vous demande pour eux ce que je voudrois obtenir si j'étois à leur place, c'est d'envoyer aussi l'ordre de les fusiller.* » Les croix leur restèrent.

Ce qu'il avoit le plus à cœur, c'étoient les établissemens d'éducation destinés aux orphelines de la Légion. Il avoit

aussi conçu le plan de ces asyles du malheur avec grandeur et générosité : 1400
places y furent fondées ou projetées ; de
grands monumens furent restaurés et
embellis. Écouen, l'un des restes les plus
magnifiques du seizième siècle, échappa
ainsi à la destruction ; plus de 300 élèves
y ont été réunis. A Saint-Denis on en a
vu plus de 500. On a applaudi également à la beauté des dispositions maté-
rielles, à la sagesse des réglemens, à
l'excellent choix des dames chargées de
la direction et de l'enseignement. Son
aménité, les soins attentifs qu'il se donnoit pour le bien-être de toutes ces
jeunes personnes, l'en faisoient chérir
comme un père ; et beaucoup d'entre
elles, établies et mères de famille, lui
ont donné jusqu'à ses derniers momens
des marques de leur reconnoissance. On
en cite une qui, mourante, lui fit demander pour dernière grâce de le voir

encore un instant, afin de lui exprimer ce sentiment.

M. de Lacépède conduisait des affaires si multipliées avec une facilité qui étonnoit les plus habiles. Une ou deux heures par jour lui suffisoient pour tout décider, et en pleine connoissance de cause. Cette rapidité surprenoit le chef du gouvernement, lui-même cependant assez célèbre aussi dans ce genre. Un jour il lui demanda son secret. M. de Lacépède répondit en riant : « C'est que j'emploie la méthode des naturalistes » : mot qui, sous l'apparence d'une plaisanterie, a plus de vérité qu'on ne le croiroit. Des matières bien classées sont bien près d'être approfondies ; et la méthode des naturalistes n'est autre chose que l'habitude de distribuer dès le premier coup d'œil toutes les parties d'un sujet, jusqu'aux plus petits détails, selon leurs rapports essentiels.

Une chose qui devoit encore plus frapper un maître que l'on n'y avoit pas accoutumé, c'étoit l'extrême désintéressement de M. de Lacépède. Il n'avoit voulu d'abord accepter aucun salaire ; mais, comme sa bienfaisance alloit de pair avec son désintéressement, il vit bientôt son patrimoine se fondre et une masse de dettes se former, qui auroit pu excéder ses facultés ; et ce fut alors que le chef du gouvernement le contraignit de recevoir un traitement, et même l'arriéré. Le seul avantage qui en résulta pour lui fut de pouvoir étendre ses libéralités. Il se croyoit comptable envers le public de tout ce qu'il en recevoit, et dans ce compte c'étoit toujours contre lui-même que portoient les erreurs de calcul. Chaque jour il avoit occasion de voir des légionnaires pauvres, des veuves laissées sans moyens d'existence. Son ingénieuse charité les devinoit même avant

5

toute demande. Souvent il leur laissoit croire que ses bienfaits venoient de fonds publics qui avoient cette destination. Lorsque l'erreur n'eût pas été possible, il trouva moyen de cacher la main qui donnoit. Un fonctionnaire d'un ordre supérieur, placé à sa recommandation, ayant été ruiné par de fausses spéculations, et obligé d'abandonner sa famille, M. de Lacépède fit tenir régulièrement à sa femme 500 francs par mois, jusqu'à ce que son fils fût assez âgé pour obtenir une place, et cette dame a toujours cru qu'elle recevoit cet argent de son mari. Ce n'est que par l'homme de confiance employé à cette bonne œuvre que l'on en a appris le secret.

Un de ses employés dépérissoit à vue d'œil; il soupçonne que le mal vient de quelque chagrin, et il charge son médecin d'en découvrir le sujet : il apprend que ce jeune homme éprouve un embarras d'argent insurmontable, et aussitôt il lui envoie 10,000 francs. L'employé accourt les larmes aux yeux, et le prie de lui fixer les termes du remboursement. « *Mon ami, je ne prête jamais* » fut la seule réponse qu'il pût obtenir.

Je n'ai pas besoin de dire qu'avec de tels sentimens il n'étoit accessible à rien d'étranger à ses devoirs. Le chef du gouvernement l'avoit chargé à Paris d'une négociation importante, à laquelle le favori trop fameux d'un roi voisin prenoit un grand intérêt. Cet homme, pour l'essayer en quelque sorte, lui envoya en présent de riches productions minérales, et entre autres une pépite d'or venue récemment du Pérou et de la plus grande beauté. M. de Lacépède s'empressa de le remercier, mais au nom du Muséum d'histoire naturelle, où il avoit pensé, disoit-il, que s'adressoient ces marques de la générosité du

donateur. On ne fit point de seconde
tentative.

Ce qui rendoit ce désintéressement con-
ciliable avec sa grande libéralité, c'est
qu'il n'avoit aucun besoin personnel.
Hors ce que la représentation de ses
places exigeoit, il ne faisoit aucune dé-
pense. Il ne possédoit qu'un habit à la
fois, et on le tailloit dans la même pièce
de drap tant qu'elle duroit. Il mettoit cet
habit en se levant, et ne faisoit jamais
deux toilettes. Dans sa dernière maladie
même, il n'a pas eu d'autre vêtement.
Sa nourriture n'étoit pas moins simple
que sa mise. Depuis l'âge de dix-sept
ans il n'avoit pas bu de vin ; un seul
repas et assez léger lui suffisoit. Mais ce
qu'il avoit de plus surprenant, c'étoit
son peu de sommeil : il ne dormoit que
deux ou trois heures : le reste de la nuit
étoit employé à composer. Sa mémoire
retenoit fidèlement toutes les phrases,

tous les mots; ils étoient comme écrits dans son cerveau, et vers le matin il les dictoit à un secrétaire. Il nous a assuré qu'il pouvoit retenir ainsi des volumes entiers, y changer dans sa tête ce qu'il jugeoit à propos, et se souvenir du texte ainsi corrigé, tout aussi exactement que du texte primitif. C'est ainsi que le jour il étoit libre pour les affaires et pour les devoirs de ses places ou de la société, et surtout pour se livrer à ses affections de famille, car une vie extérieure si éclatante n'étoit rien pour lui auprès du bonheur domestique. C'est dans son intérieur qu'il cherchoit le dédommagement de toutes ses fatigues; mais c'est là aussi qu'il trouva les peines les plus cruelles. Sa femme[1] qu'il adoroit, passa les dix-huit derniers mois de sa vie dans

---

[1] Anne-Caroline Jubé, veuve en première noce de M. Gauthier, homme de lettres estimable, et sœur de deux officiers généraux distingués.

des souffrances non interrompues ; il ne
quitta pas le côté de son lit, la conso-
lant, la soignant jusqu'au dernier moment : il a écrit auprès d'elle une partie
de son Histoire des poissons, et sa douleur s'exhale en plusieurs endroits de cet
ouvrage dans les termes les plus touchans. Un fils qu'elle avoit d'un premier
mariage, et que M. de Lacépède avoit
adopté ; une belle-fille pleine de talens
et de grâces, formoient encore pour lui
une société douce ; cette jeune femme
périt d'une mort subite. Au milieu de
ces nouvelles douleurs M. de Lacépède
fut frappé de la petite vérole, dont une
longue expérience lui avoit fait croire
qu'il étoit exempt. Dans cette dernière
maladie, presque la seule qu'il ait eue
pendant une vie de soixante-dix ans,
il a montré mieux que jamais combien
cette douceur, cette politesse inaltérable
qui le caractérisoient, tenoient essen-

tiellement à sa nature. Rien ne changea
dans ses habitudes ; ni ses vêtemens, ni
l'heure de son lever ou de son coucher ;
pas un mot ne lui échappa qui pût laisser apercevoir à ceux qui l'entouroient
un danger qu'il connut cependant dès
le premier moment. « Je vais rejoindre
Buffon, » dit-il ; mais il ne le dit qu'à son
médecin. C'est à ses funérailles surtout,
dans ce concours de malheureux qui venoient pleurer sur sa tombe, que l'on
put apprendre à quel degré il portoit
sa bienfaisance ; on l'apprendra encore
mieux, lorsqu'on saura qu'après avoir
occupé des places si éminentes, après
avoir joui pendant dix ans de la faveur
de l'arbitre de l'Europe, il ne laisse pas
à beaucoup près une fortune aussi con-
sidérable que celle qu'il avoit héritée de
ses pères.

M. de Lacépède est mort le 6 Octobre 1825. Il a été remplacé à l'Aca-

démie des sciences par M. de Blainville, et sa chaire du Muséum a été remplie par M. Duméril, qui l'y suppléoit depuis plus de vingt ans.

HISTOIRE NATURELLE

DE L'HOMME.[1]

———❦———

Cet article devroit être le tableau de l'espèce humaine. Quel immense sujet ! Quels admirables effets de causes plus admirables encore ! Quelles merveilleuses combinaisons de substances, d'organes, de forces, d'actions, de résistances, de facultés ! On voudroit observer tout ce que nos sens peuvent saisir ; atteindre par la pensée à ce qui se dérobe à leur examen ; pénétrer par le sentiment, la conscience et la réflexion, jusques à cette essence presque divine, à cet esprit indépendant et libre, que les voiles de la

---

1 Article extrait du 21.ᵉ volume du Dictionnaire des sciences naturelles.

matière, les espaces ni les temps ne peuvent arrêter; à ce génie sublime, qui a donné à l'homme le sceptre de la terre. On désireroit de voir tous ces attributs du corps et de l'ame naître, se développer, s'accroître, se fortifier, céder souvent à des forces étrangères, et s'affoiblir en recevant des empreintes plus ou moins profondes, des modifications plus ou moins durables; mais se perfectionner de nouveau ensuite, s'étendre, ressaisir l'empire, s'élever, s'ennoblir, se déployer plus que jamais, et changer la face du monde.

Pour embrasser ce vaste ensemble, il faut se placer à une trop grande distance: les détails disparoissent alors, ils restent inconnus; et le tableau, trop vague, n'est qu'une vaine et trompeuse représentation.

Commençons donc par reconnoître successivement les différens objets qui doivent entrer dans la composition de ce tableau général de l'espèce humaine. Voyons-les de près, avant de les considérer de loin.

Suivons la marche de la nature; occupons-nous des premiers instans de l'existence, des premiers degrés de l'accroissement, avant de décrire ou d'indiquer les grands et innombrables résultats de tous les développemens, de toutes les combinaisons, dont nous voudrions pouvoir peindre toutes les nuances et tous les effets ; et commençons par l'enfance l'histoire de ces développemens et, pour ainsi dire, de ces transformations successives.

Au moment de sa naissance, l'enfant passe d'un fluide dans un autre. Au lieu

du fluide aqueux qui l'enveloppoit dans
le sein de sa mère, l'air l'environne et
agit sur ses organes. Un changement remarquable s'opère dans la circulation du
sang de ce nouveau-né. L'odorat et le
larynx reçoivent une impression assez
vive du nouveau fluide dans lequel l'enfant est plongé. Une secousse plus ou
moins marquée en agite les nerfs; une
sorte d'éternument fait sortir des narines
la substance muqueuse qui les remplissoit, soulève la poitrine, et fait pénétrer
de l'air jusque dans les poumons. Le
sang, qui parvient dans ces poumons,
se combine avec l'oxigène de l'air, qui
inonde, dans cet organe, les vaisseaux
dans lesquels il est contenu; et dès ce
moment il ne passe plus du ventricule
droit du cœur dans le ventricule gauche,
et ne recommence plus sa circulation,

qu'il ne reprenne dans les poumons une force et des propriétés nouvelles, en s'imprégnant d'oxigène dans ces organes de la respiration.

Cependant tout est, dans l'enfant, d'une grande mollesse. Les os sont cartilagineux; les chairs gélatineuses et pénétrées d'une sorte d'humidité; les vaisseaux élargis; les glandes gonflées et pleines d'humeurs; ses mamelles, lorsqu'on les presse, laissent sortir une liqueur laiteuse; le tissu cellulaire est spongieux et rempli de lymphe; sa peau, très-fine, est rougeâtre, parce que sa transparence laisse paroître une nuance de la couleur du sang; ses nerfs sont gros; le cerveau, dont ils émanent, est volumineux, comme pour annoncer toute la puissance que la pensée doit lui donner un jour; et néanmoins ses

sens sont encore émoussés. Une légère
tunique voile ses yeux encore ternes ;
une mucosité plus ou moins abondante
obstrue ses oreilles. Une humeur vis-
queuse recouvre les sinus pituitaires, le
principal siége de l'odorat. La peau est
trop peu tendue pour recevoir les sensations distinctes du toucher. La langue
et les autres portions de l'organe du goût
ont seules assez de sensibilité pour produire cet instinct qui entraîne la bouche
de l'enfant vers le sein de sa mère, et
lui imprime les mouvemens nécessaires
pour le sucer.

La grandeur du cerveau , que nous
venons de faire observer, produit plus
d'étendue dans la boîte osseuse qui le
renferme ; et voilà pourquoi la tête de
l'enfant est à proportion plus grosse que
celle des animaux mammifères qui vien-

nent de naître. Cette grosseur de la tête
rendroit très-difficiles, non-seulement
l'accouchement, mais encore le séjour
de l'enfant dans le sein de la mère, si
le crâne ne présentoit pas, avant et peu
de temps après la naissance, une parti-
cularité qu'on n'a trouvée dans aucun
animal : au sommet de la tête, entre l'os
du front et les deux os pariétaux, est
une ouverture qu'on a nommée *fonta-
nelle,* dans laquelle le crâne n'est pas
encore devenu solide, au travers de laquelle on sent la pulsation de l'artère,
et par le moyen de laquelle les os du
crâne peuvent se rapprocher par la compression et diminuer le volume de la tête.

Lorsque l'enfant sort du sein de la
mère, il a souvent de cinquante à soixante centimètres de longueur, et il pèse
déjà de cinq à sept kilogrammes. L'im-

pression nouvelle de l'air, qui agit sur l'organe de la voix, lui fait jeter quelques cris. Des glaires sortent de sa gorge; il urine, et c'est ordinairement dès le premier jour qu'il se débarrasse du *meconium*, matière noirâtre, amassée dans ses intestins. Les qualités séreuses et laxatives du *colostrum*, ou premier lait de la mère, qu'il ne doit cependant teter qu'au bout de dix ou douze heures, facilitent cette évacuation si nécessaire. Et combien on doit de reconnoissance à Buffon et à Jean-Jacques Rousseau, dont l'éloquence irrésistible, victorieuse des habitudes, des erreurs et des préjugés, a déterminé tant de mères à ne pas priver leurs enfans d'un lait si adapté par ses qualités successives aux diverses époques du développement des organes de celui à qui elles ont donné le jour, et à ne pas préférer non-seulement le lait des vaches, des brebis ou des chèvres, mais même celui d'une nourrice étrangère, moins analogue au tempérament du nourrisson, et presque toujours trop avancé, trop vieux et trop épais! La foiblesse ou la mauvaise santé d'une mère doivent seules la priver de la plus douce des jouissances.

Lorsque l'enfant est venu à la lumière, on cherche à lui enlever cette mucosité légère que les eaux de l'amnios ont déposée sur sa peau, en le lavant dans de l'eau tiède, mêlée avec un peu de vin.

Dans ces temps antiques, si voisins des premières époques de l'histoire, où l'Italie, bien éloignée de jouir de son beau climat et de sa douce température actuelle, étoit encore couverte d'épaisses forêts et de rivières souvent gelées par

un froid rigoureux, les habitans à demi
sauvages de ces contrées agrestes et humides croyoient devoir ne rien négliger
pour endurcir leurs enfans contre les hivers et leurs frimas ; ou plutôt on pourroit dire qu'ils soumettoient les nouveau-
nés à une rude épreuve qui ne devoit
laisser vivre que ceux dont la force intérieure pourroit lutter avec avantage
contre les intempéries qui les attendoient:
ils plongeoient les enfans qui venoient de
naître dans de l'eau froide, les rouloient
dans la neige, ou les étendoient sur les
glaces des fleuves. Les Germains et les
habitans de l'Angleterre, de l'Écosse et
de l'Irlande ont eu le même usage, qu'on
retrouve encore de nos jours dans plusieurs pays du Nord, et particulièrement
dans diverses contrées de la Russie et de
la Sibérie.

Il paroît que le nouveau-né a besoin
de beaucoup de repos. Il dort presque
toujours. Un bercement trop prolongé
peut le faire vomir et lui être nuisible.
On doit le garantir de la mal-propreté,
qui cause des excoriations. Mais surtout
qu'on ne reprenne jamais cette habitude
si funeste, dont la philosophie et la
science de la nature ont délivré les enfans, celle de les emmaillotter, et de les
environner de ces langes qui les tortu-
roient et les déformoient. Leur poitrine
se resserroit sous la compression qu'ils
subissoient, et contractoit une tendance
plus ou moins forte à la phthisie. Les
viscères du bas-ventre, serrés par des
bandes pour ainsi dire délétères, ne con-
couroient qu'avec peine à la digestion.
On voyoit survenir des engorgemens et
les premières causes du rachitisme. Le

sang, refoulé vers le cerveau, produisoit des convulsions et des symptômes épileptiques. A la contrainte succédoit la fatigue, et à la fatigue l'engourdissement, que suivoit la douleur; l'enfant s'agitoit avec violence, et de ses mouvemens désordonnés, ainsi que des résistances qu'il éprouvoit et des cris aigus qu'il jetoit, résultoient des hernies ou des déplacemens des articulations.

Heureusement l'enfance est affranchie de ce dur esclavage, et ne reçoit plus que les soins les plus naturels et les plus doux.

Ce n'est que vers le quarantième jour que l'enfant donne des signes de sensations plus composées, d'un ordre plus élevé, et qui paroissent supposer que l'action de l'intelligence a commencé de se développer. Ce n'est qu'à cette époque qu'il exprime le plaisir ou la peine par le

rire ou par les larmes, premiers signes
extérieurs des mouvemens de son ame,
qui ne peuvent encore se manifester
d'une autre manière sur un visage dont
plusieurs parties, trop tendres, n'ont
pas le ressort et la mobilité nécessaires
pour marquer les affections intérieures ;
et au sujet de ces larmes et de ce rire,
nous croyons ne pouvoir mieux faire que
de citer le passage suivant de la belle
histoire de l'homme par Buffon. « Il
« paroît, dit ce grand homme, que la
« douleur que l'enfant ressent dans les
« premiers temps et qu'il exprime par
« des gémissemens, n'est qu'une sensa-
« tion corporelle, semblable à celle des
« animaux qui gémissent aussi dès qu'ils
« sont nés, et que les sensations de l'ame
« ne commencent à se manifester qu'au
bout de quarante jours ; car le rire et

« les larmes sont des produits de deux
« sensations intérieures, qui toutes deux
« dépendent de l'action de l'ame. La
« première est une émotion agréable,
« qui ne peut naître qu'à la vue ou par
« le souvenir d'un objet connu, aimé
« et désiré; l'autre est un ébranlement
« désagréable, mêlé d'attendrissement et
« d'un retour sur nous-mêmes : toutes
« deux sont des passions qui supposent
« des connoissances, des comparaisons
« et des réflexions. Aussi le rire et les
« pleurs sont-ils des signes particuliers
« à l'espèce humaine pour exprimer le
« plaisir ou la douleur de l'ame, tandis
« que les cris, les mouvemens et les au-
« tres signes des douleurs et des plaisirs
« du corps sont communs à l'homme et
« à la plupart des animaux. »

C'est par ces premiers sourires, si

pleins de charmes pour le cœur d'une mère, que l'enfant montre, à celle qui le nourrit, qu'il la reconnoît, qu'il l'aime, qu'il la désire.

Ses yeux commencent bientôt à distinguer aussi les autres objets qui l'environnent, et, ce qui doit être remarqué sous plus d'un rapport, la sensation de la lumière sur la rétine, qui se fortifie par cette action des rayons lumineux, doit être, le plus souvent, une sorte de jouissance assez vive pour l'enfant. Cet exercice d'un sens qui se développe doit lui être agréable, et parce qu'il agite l'organe de la vue sans le blesser, et parce qu'il remplit successivement sa tête d'images variées qui lui plaisent, qu'il s'amuse à comparer et qui alimentent son intelligence. Voilà pourquoi il tourne sans cesse les yeux vers la partie la plus éclairée de l'endroit qu'il habite, et voilà pourquoi encore il faut avoir un si grand soin de le placer de manière que la lumière frappe également ses deux yeux ; car, sans cette précaution, un œil, moins exercé que l'autre, acquerroit moins de force, et Buffon a prouvé que le regard louche est une suite nécessaire d'une grande inégalité dans la force des yeux.

Pendant les premiers mois de l'enfant, la mère ou la nourrice à qui elle a été obligée de céder le bonheur de l'allaiter, ne doit mêler au lait qu'elle lui donne aucun aliment étranger, surtout si l'enfant est foible et d'un tempérament délicat. C'est aux médecins à indiquer quels alimens on peut ensuite associer au lait de la mère, et dans quelle proportion on peut successivement les ajouter à la nourriture la plus naturelle de l'enfance. Mais

ne vaudroit-il pas mieux préférer de suppléer au lait de la mère ou de la nourrice, lorsqu'il ne seroit plus assez abondant ou qu'il auroit perdu ses qualités
bienfaisantes, en faisant teter à l'enfant
le mamelon d'un animal, et par exemple
d'une brebis, dont il recevroit le lait à
un degré de chaleur toujours égal, et de
manière que la succion, en comprimant
les glandes de la petite bouche, en fît
couler la salive, qui se mêleroit au lait
nourricier.

Il semble que la nature a voulu que
l'allaitement durât jusqu'après la première dentition, jusqu'au moment ou
l'enfant a reçu les instrumens nécessaires
pour broyer convenablement quelques
alimens solides. On a même écrit que
des femmes sauvages des contrées voisines du Canada, moins détournées par

leurs mœurs, leurs habitudes, leurs passions et leurs préjugés, de l'observation
des règles prescrites par la nature, ont
allaité leurs enfans jusqu'à l'âge de quatre, cinq, six ou sept ans.

Les dents placées sur le devant de la
bouche, et qu'on nomme *incisives,* parce
qu'elles sont propres à trancher et à cou-
per, sont au nombre de huit, quatre en
haut et quatre en bas. Leurs germes se
développent quelquefois à sept mois, le
plus souvent à huit, dix ou même douze
mois. Ce développement peut être cependant très-prématuré. On a vu des enfans
naître avec des dents assez grandes pour
blesser le sein de leur nourrice, et on a
reconnu des dents bien formées dans certains fœtus.

Le germe de chaque dent est, au moment de la naissance, contenu dans une

cavité ou dans un alvéole de l'os de la mâchoire, et la gencive le recouvre. A mesure que ce germe s'accroît, il s'étend par des racines vers le fond de l'alvéole, s'élève vers la gencive, qu'il tend à soulever et à percer, et souvent écarte les parois osseuses d'un alvéole trop étroit et d'autant plus resserré que le menton est moins avancé et que l'os maxillaire est plus court. C'est comme un corps étranger qui s'agrandit au milieu de résistances puissantes. Une sorte de lutte est établie entre la force qui développe la dent, et celles qui maintiennent les parois de la cavité ; et voilà pourquoi, au lieu d'un accroissement insensible, il se fait dans la mâchoire un effort violent, un écartement extraordinaire, une compression douloureuse, qui se manifestent par des cris, par des pleurs, et dont les effets peuvent devenir funestes. L'enfant perd sa gaieté ; de la tristesse il passe à l'inquiétude ; la gencive, d'abord rouge et gonflée, devient blanchâtre, lorsque la pression intercepte le cours du sang dans les vaisseaux de cette gencive fortement tendue : il ne cesse d'y porter le doigt, comme pour amortir sa douleur ; il aime à la frotter avec des corps durs et polis, à calmer ainsi sa souffrance au moins pour quelques momens, et à diminuer la résistance de la membrane qui doit céder à l'extension de la dent. Mais, si la nature des fibres dont la gencive est tissue donne à cette gencive trop de fermeté, si la membrane résiste trop long-temps, il survient une inflammation dont les suites ont été quelquefois mortelles, et qu'on a souvent guérie en coupant la gencive au-dessus de la dent qui n'avoit pu la percer.

Les dents œillères, qui sont au nombre de quatre, deux en haut et deux en
bas, et qu'on a nommées *canines*, parce
qu'on les a comparées aux crochets ou
dents crochues des chiens, paroissent
ordinairement dans le neuvième ou le
dixième mois.

Les cheveux des enfans sont presque
toujours plus ou moins blonds dans la
race caucasique ou arabe européenne ;
mais on a écrit que, dans la race mongole, comme dans la race nègre, les
cheveux sont noirs, de même que l'iris
des yeux, dès le moment de la naissance.
Lorsque les enfans des nègres viennent à
la lumière, ils sont blancs, comme pour
montrer l'identité de leur origine avec les
autres races de l'espèce humaine ; leur
peau se colore néanmoins peu à peu,
lors même qu'ils ne sort pas exposés à

l'ardeur du soleil, et présente ainsi les effets de cette altération profonde et héréditaire qu'un climat brûlant a fait subir au tissu de la peau de leur race.

C'est une suite de questions très-curieuses que celles que l'on peut faire au sujet de cette grande quantité de vers que l'on trouve souvent dans les intestins des enfans, et qui peuvent être la cause ou les symptômes de maladies plus ou moins graves. Elle se lie avec d'importans problèmes relatifs à la reproduction des êtres; mais c'est dans d'autres articles de ce Dictionnaire qu'il faut en chercher la solution, ainsi que l'exposition des diverses maladies qui peuvent attaquer l'enfance, et des moyens de les prévenir ou de les guérir.

Quelque délicat cependant que soit l'enfant, il est moins sensible au froid

que l'homme adulte ou avancé en âge.
La chaleur intérieure qui lui est propre,
doit être plus grande que celle de l'adulte,
puisque les pulsations de ses artères sont
plus fréquentes, et que, par conséquent,
le cours de son sang est plus rapide.

On sait que le fœtus croît d'autant plus.
qu'il approche de sa naissance. A mesure
que l'enfant s'éloigne de cette même époque, son accroissement se ralentit. Ordinairement, lorsqu'il vient à la lumière,
il a le quart de la hauteur à laquelle il
doit atteindre ; il en a la moitié vers deux
ans et demi, et les trois quarts vers la
dixième année.

C'est ordinairement entre le dixième
et le quinzième mois que les enfans commencent à bégayer : les voyelles, les consonnes, et par conséquent les syllabes
et les mots qu'ils peuvent prononcer le

plus facilement, sont les premiers qu'ils
font entendre. « La voyelle qu'ils arti-
« culent le plus aisément, dit Buffon,
« est l'*A*, parce qu'il ne faut pour cela
« qu'ouvrir les lèvres et pousser un son :
« l'*E* suppose un petit mouvement de
« plus : la langue se relève en haut, en
« même temps que les lèvres s'ouvrent :
« il en est de même de l'*I* ; la langue
« se relève encore plus et s'approche
« des dents de la mâchoire supérieure :
« l'*O* demande que la langue s'abaisse
« et que les lèvres se serrent : il faut
« qu'elles s'alongent un peu et qu'elles
« se serrent encore plus pour prononcer
« l'*U*. Les premières consonnes que les
« enfans prononcent, sont aussi celles
« qui demandent le moins de mouve-
« ment dans les organes : le *B*, l'*M* et
« le *P*, sont les plus aisées à articuler ;

« il ne faut, pour le *B* et le *P*, que
« joindre les deux lèvres et les ouvrir
« avec vitesse. L'articulation de toutes
« les autres consonnes suppose des mou-
« vemens plus compliqués que ceux-ci,
« et il y a un mouvement de la langue
« dans le *C*, le *D*, le *G*, l'*L*, l'*N*, le
« *Q*, l'*R*, l'*S* et le *T*; il faut, pour
« articuler l'*F*, un son continué plus
« long-temps que pour les autres con-
« sonnes. Ainsi, de toutes les voyelles,
« l'*A* est la plus aisée, et de toutes les
« consonnes le *B*, le *P* et l'*M* sont aussi
« les plus faciles à articuler. Il n'est donc
« pas étonnant que les premiers mots
« que les enfans prononcent, soient com-
« posés de cette voyelle et de ces con-
« sonnes, et l'on doit cesser d'être sur-
« pris de ce que, dans toutes les langues
« et chez tous les peuples, les enfans

7

« commencent toujours par bégayer
« *baba, mama, papa.* Ces mots ne
« sont, pour ainsi dire, que les sons les
« plus naturels à l'homme, parce qu'ils
« sont les plus aisés à articuler; les lettres
« qui les composent, ou plutôt les ca-
« ractères qui les représentent, doivent
« exister chez tous les peuples qui ont
« l'écriture ou d'autres signes pour re-
« présenter les sons.

« On doit seulement observer, con-
« tinue notre grand naturaliste, que, les
« sons de quelques consonnes étant à
« peu près semblables (comme celui du
« *B* et du *P*, celui du *C* et de l'*S*,
« ou du *K* et du *C* dans certains cas,
« celui du *D* et du *T*, celui de l'*F*
« et du *V* consonne, celui du *G* et
« du *J* consonne ou du *G* et du *K*,
« celui de l'*L* et de l'*R*), il doit

« y avoir beaucoup de langues où ces
« différentes consonnes ne se trouvent
« pas ; mais il y aura toujours un
« *B* ou un *P*, un *C* ou une *S*, un *D*
« ou un *T*, une *F* ou un *V* consonne,
« un *G* ou un *J* consonne, une *L* ou
« une *R*; et il ne peut guère y avoir
« moins de six ou sept consonnes dans
« le plus petit de tous les alphabets,
« parce que ces six ou sept tons ne sup-
« posent pas des mouvemens bien com-
« pliqués, et qu'ils sont tous très-sensi-
« blement différens entre eux. Les enfans,
« qui n'articulent pas aisément l'*R*, y
« substituent l'*L*, au lieu du *T* ils ar-
« ticulent le *D*, parce qu'en effet ces
« premières lettres supposent dans les
« organes des mouvemens plus difficiles
« que les dernières ; et c'est de cette dif-
« férence et du choix des consonnes plus

« ou moins difficiles à exprimer, que
« vient la douceur ou la dureté d'une
« langue. »

Au reste, ce n'est guère que vers la
troisième année que les enfans prononcent distinctement, répètent ce qu'on
leur dit, et commencent de parler avec
facilité. Ceux qui voient qu'ils sont l'objet de l'attention la plus constante, dont
on épie tous les signes, dont le jeu de
la physionomie est rendu plus mobile
par une intelligence précoce, dont les
attitudes sont plus variées, et qui n'ont
besoin que de quelques gestes pour faire
comprendre leurs désirs, parlent ordinairement plus tard que les autres. On
diroit qu'ils ne veulent pas se donner une
peine inutile, et employer, pour se faire
entendre, des mots qu'ils remplacent si
facilement par des signes.

Quoi qu'il en soit, il faut, en général, se presser peu de donner à un enfant l'instruction qu'on est bien aise de le voir acquérir. Il faut ménager des organes encore foibles ; ne pas imprimer trop de mouvemens à des ressorts trop tendres et qu'on pourroit déformer ; ne pas exiger une attention trop soutenue d'une intelligence qui, par son essence, a besoin plus qu'on ne le croit, et pour se développer convenablement, de s'exercer sur plusieurs sujets, et de passer avec rapidité d'une considération à une autre ; ne pas contraindre une mobilité d'esprit aussi nécessaire à l'enfance que celle du corps, et craindre pour son élève le sort de tant de petits prodiges qui n'ont été, après leur adolescence ou leur jeunesse, que des hommes très-ordinaires.

Mais il n'en est pas de même de

l'éducation proprement dite. L'éducation
morale doit commencer, pour ainsi dire,
avec l'éducation physique, ou, pour
mieux dire, elle en est inséparable. Elle
s'opère souvent à l'insu et même contre
le gré de ceux qui surveillent l'enfant.
Elle est le résultat des circonstances qui
l'environnent, et de tous les objets qui
peuvent agir sur lui. C'est cette éducation qu'il faut diriger ; ce sont ces résultats qu'il faut prévenir ou maîtriser. On
peut d'autant plus espérer d'y parvenir,
que l'enfant est pendant long-temps inséparable de sa mère ou de sa nourrice.
La nature, en prolongeant la débilité
de l'enfance, en la rendant impuissante
de pourvoir elle-même à ses besoins et
de garantir sa sûreté, en lui donnant
une dépendance qu'on ne trouve dans
aucune autre espèce, en l'assujettissant

aux soins de la mère pendant sept ou huit ans (lorsque, dans tous les animaux, les petits se séparent, au bout d'un temps très-court et même de quelques semaines, de celle qui leur a donné le jour), a assuré le développement des admirables facultés de l'homme. C'est de la foiblesse de cette longue enfance que provient la puissance du génie de l'adulte, et c'est à cette longue association de la mère avec celui qu'elle a porté dans son sein, à cette communauté d'existence si touchante, à cette assiduité de soins indispensables qui sont payés par tant de charmes, à cette réciprocité de caresses, à cette union de la tendresse vigilante qui jouit si vivement de tout ce qu'elle donne, et de l'affection qui à chaque instant reçoit et jouit, que l'homme doit toutes ses vertus.

C'est principalement par les exemples dont on entoure l'enfance, que s'opère avec le plus de succès cette éducation morale qui doit s'unir si intimement à l'éducation physique.

Que l'enfant ne puisse voir, dans les actions dont il est le témoin ou l'objet, que l'application de cette justice qui se fait sentir si aisément à son cœur et à son esprit, que l'exercice de cette douceur et de cette bonté qui ne sont que le complément de la justice : qu'on l'accoutume aux jouissances de la bienfaisance ; elle est à la portée de tous les âges : qu'on l'habitue à maîtriser ses mouvemens, à les soumettre à sa volonté, et à faire fléchir sa volonté devant la raison, toujours irrésistible, comme la nature des choses ou comme le destin : que des épreuves, ménagées avec délica-

tesse, lui fassent sentir les effets heureux
ou malheureux des bonnes ou mauvaises
actions, c'est-à-dire, des actions conformes ou contraires à la raison, à la
justice, à la bonté, et par conséquent
aux lois de l'auteur tout-puissant de la
nature : qu'on écarte de son esprit les
erreurs que tant de personnes se plaisent
à donner à l'enfance, sous prétexte de
l'amuser, ou pour se débarrasser de questions que leur adresse sa curiosité si naturelle, et que l'on pourroit si aisément
satisfaire sans blesser la vérité : que, pour
préparer l'enfant à l'instruction qui lui
est destinée, et pour fortifier son esprit
après avoir formé son cœur, on lui montre à examiner, sous leurs diverses faces,
les objets de son attention, à les comparer avec soin, et à se rendre compte des
résultats de ces comparaisons.

Vers la fin de cette éducation physique, à laquelle on doit associer l'éducation morale avec tant de sollicitude,
mais avec tant de précaution et de mé-
nagement, un nouveau développement
s'opère dans les organes qui servent à
la nutrition de l'enfant. Vers la sixième
ou la septième année ses forces s'augmentent ; les premières dents incisives, que
l'on nomme *dents de lait,* parce qu'elles
paroissent avant la fin de l'allaitement,
tombent et sont remplacées par d'autres
incisives, plus larges, plus solides et plus
enracinées. Les quatre œillères et la première mâchelière de chaque côté, en haut
et en bas, sont aussi remplacées par
d'autres dents analogues, et, ainsi,
seize dents antérieures sont renouvelées
à cette époque, que plusieurs causes
peuvent cependant retarder.

La chute de ces seize dents antérieures est produite par le développement d'un second germe placé au fond de l'alvéole, et qui, en croissant, les soulève, les pousse et les fait sortir de leur cavité. Ce germe manque aux autres douze mâchelières, qui, par conséquent, ne tombent que par accident, et dont la perte ne peut être réparée que dans des circonstances rares.

On peut voir encore une mâchelière aux extrémités de chacune des deux mâchoires ; mais ces dents manquent à plusieurs personnes, et le plus souvent aux femmes. Leur développement, plus tardif qu'aux hommes, n'a lieu qu'à l'âge de la puberté, et quelquefois même il est retardé jusqu'à un âge beaucoup plus avancé ; et on les nomme alors *dents de sagesse.*

Avant cette époque de la puberté ou de l'adolescence, la nature ne travaille que pour la conservation et le développement de l'individu : l'enfant n'a reçu de forces que pour se nourrir et pour croître ; sa vitalité est renfermée en lui-même, et il ne peut la communiquer. Mais bientôt les principes de vie qui l'animent, fermentent et se multiplient ; l'adolescent reçoit, pour ainsi dire, une surabondance d'existence : cette exubérance de force et de facultés se manifeste par plusieurs signes ; superflue au maintien de son être, elle peut le reproduire et le multiplier.

La législation de plusieurs pays a supposé, dans plusieurs temps, que l'époque de cette puberté étoit vers la quatorzième année pour les garçons, et vers la douzième pour les filles. Mais cette époque, où la vie est pour ainsi dire doublée, est plus ou moins avancée ou retardée, suivant la température du climat, la complexion des races, le tempérament des individus, la quantité des alimens, leur nature, le développement des facultés morales, l'action de la pensée sur les nerfs, et celle des nerfs sur la force et l'accroissement des organes du corps.

On a remarqué, par exemple, une différence de sept ou huit ans entre l'âge où les Finlandois sont pubères, et celui de la puberté des Indiens, des Persans et des Arabes. Mais, sous tous les climats, la puberté des garçons est plus reculée que celle des filles, parce que le corps des premiers, étant en général plus grand, plus solide, plus compacte, plus endurci par des jeux souvent répétés et des exercices fatigans, ne peut être développé qu'après un temps plus long.

D'un autre côté, on a vu que, sous les mêmes latitudes ou, pour mieux dire, sous un climat et une température semblables, la puberté se manifeste. plus tôt dans les individus de la race nègre et de la race mongole que dans ceux de la race caucasique ou européenne.

Ceux qui habitent des terrains bas, humides, froids, couverts de brouillards, et dont la constitution est phlegmatique ou pituiteuse, parviennent d'autant plus lentement à la puberté que leurs organes sont plus mous et plus engorgés. Les tempéramens sanguins, plus vifs, plus animés, plus abondans en forces vitales, accélèrent la puberté : elle est encore plus hâtée dans les individus dont la constitution bilieuse s'allie avec des mus-

cles puissans, et des mouvemens éner-
giques et rapides ; et, enfin, dans les
tempéramens mélancoliques, où une
grande activité nerveuse semble entre-
tenir un feu secret qui anime toute la
machine humaine, la puberté est encore
plus précoce.

On voit aisément aussi pourquoi les
individus dont les alimens sont copieux
et substantiels, sont plus tôt pubères que
ceux dont la nourriture est mal-saine
ou trop peu abondante : les viandes suc-
culentes, les substances échauffantes, les
épices, les aromates, le café, le vin, les
liqueurs portent dans tous les organes
une activité qui en accélère l'accroissement et hâte la puberté, retardée, au
contraire, par les légumes, les fruits et
le laitage.

Une puberté plus avancée que ne l'a

voulu la nature, et, par conséquent, trop
précoce, peut être amenée aussi par une
direction trop constante des idées et des
sentimens vers les objets les plus propres à donner au système nerveux la plus
grande activité, et cette prééminence de
forces que tous les organes reçoivent
d'un exercice prolongé. Vers le commencement de cette puberté, vers cette époque si remarquable de la vie humaine,
l'adolescent, qui entre dans cet âge que
l'on a comparé au printemps de l'année,
éprouve une chaleur nouvelle qui le
pénètre : il ressent une agitation intérieure qui lui étoit inconnue ; il s'en
effraie, et en conçoit une vague mais
douce espérance, qu'écarte souvent l'inquiétude à laquelle son esprit se livre
malgré lui : un mélange de douleur et
de plaisir s'empare de son cœur ; sa tête

se remplit d'illusions : ses incertitudes,
ses craintes sont remplacées par des rêves
de bonheur ; ces rêveries remplissent son
ame : ses plaisirs ordinaires ne lui suffisent plus , souvent ils le fatiguent et
l'ennuient ; les occupations qu'il aimoit
lui deviennent indifférentes ou pénibles.
La société l'incommode , la présence
même de ses amis le gêne ; une mélancolie qui le charme , l'entraîne dans la
solitude ; il se plaît à errer à l'ombre
des bois épais , ou à s'abandonner, sur le
bord d'un ruisseau limpide ou sur le
sommet d'une roche escarpée , à tous les
mouvemens de son cœur et de son inspiration. Si une tendresse douce et éclairée , si une sagesse indulgente ne viennent à son secours, et ne dirigent pas ,
par la raison embellie de tous les charmes
du sentiment , cette confusion d'idées,

8

de désirs, de sensations et de vœux, son esprit exalté peut l'entraîner dans plus d'un précipice ; et la jeune fille innocente et tendre, dont le système nerveux est plus mobile, a souvent plus besoin encore, vers cette époque orageuse, de trouver un asile dans le sein d'une mère aussi bonne que prudente.

. Cet état extraordinaire, et dont les suites, si elles sont mal dirigées, peuvent être si funestes et à la santé et au bonheur de la vie, dépend du grand changement que l'adolescent vient d'éprouver. Non-seulement à cette époque la force vitale s'accroît avec rapidité ; mais elle se distribue d'une manière nouvelle. Elle avoit principalement résidé dans les organes de la nutrition, et dans les systèmes cellulaire et lymphatique ; son action étoit dirigée vers le développement gé-

néral. Lorsque la puberté commence,
cette même action se porte sur le système glanduleux et sur les organes sexuels
qui en font partie. Il s'élabore dans ces
organes sexuels de l'adolescent, vers lesquels le sang afflue avec plus d'abondance, une substance nouvelle et vivifiante, une liqueur essentiellement pro-
ductive ; et de cette tendance, ainsi que
de cette élaboration, résulte comme un
nouveau centre d'activité, dont la puis-
sante influence se répand dans tout le
corps, le pénètre profondément, l'anime
dans toutes ses parties. L'adolescent gran-
dit souvent tout d'un coup ; son tissu
cellulaire, moins vivifié qu'auparavant,
s'affaisse ; le bas-ventre s'aplatit ; les formes des muscles sont plus prononcées ;
la poitrine s'élargit ; la respiration devient
plus étendue ; une quantité d'oxigène plus

grande ou plus souvent renouvelée donne
au sang une chaleur plus forte, qui se
communique à tous les organes ; la peau
se colore et se couvre de poils dans plusieurs endroits. Les muscles de l'organe
de la voix sont modifiés de manière
à rendre les sons plus graves, et à les
faire baisser ordinairement d'une octave.
Les bras et les jambes s'alongent et se
fortifient; la démarche s'affermit; les organes des sens extérieurs s'étendent, se
développent, deviennent plus sensibles
aux impressions des objets. Le sommeil
diminue, et les facultés de l'esprit ac-
quièrent une vivacité nouvelle.

Cet accroissement de certains organes,
et particulièrement des organes sexuels,
est d'autant plus grand que la chaleur
du climat est plus forte. Il a donné lieu,
dans les contrées voisines de la zone tor-

ride, a des usages que les religions ou
les lois ont consacrés, et dont le but a
été, en retardant le produit d'un trop
grand accroissement de certaines portions
de ces organes, de faciliter la génération,
et de prévenir les effets d'une mal-propreté qui, dans les pays très-chauds,
pourroit devenir douloureuse et funeste.
C'est ainsi que la circoncision a été or-
donnée aux Hébreux, aux Musulmans,
et aux habitans de plusieurs contrées de
l'Afrique où le mahométisme n'est point
établi. On l'emploie, suivant les règles et
les habitudes des différentes contrées,
très-peu de jours après la naissance de
l'enfant, ou à l'âge de six ans, ou à celui
de huit, ou plus tard ; et vers le golfe
persique, auprès de la mer d'Arabie, et
parmi quelques peuples de l'Afrique occidentale, on a cru devoir prescrire pour

les filles une sorte de circoncision particulière.

Quant à l'infibulation, à la castration,
et aux autres procédés du même genre,
inventés par une jalousie brutale, par
une vile et odieuse cupidité, ou par un
déplorable et absurde fanatisme, ne souil-
lons pas l'histoire de la nature par le récit
des crimes ou des folies qui en ont violé
les saintes lois.

Disons seulement, pour montrer un
de ces rapports particuliers qui établissent entre divers organes une sorte de
sympathie, que, la castration laissant
ou reportant l'individu qui la subit à
l'époque qui précède immédiatement la
puberté, il n'est pas surprenant que cette
victime d'une coutume barbare acquière
des années, vieillisse et cesse de vivre,
sans cesser d'être enfant : qu'elle n'ait

jamais de barbe, même après l'âge de vingt ou vingt-un ans, temps où elle est la plus épaisse ; que ses membres, mal prononcés, présentent tous les caractères de la mollesse et de la foiblesse, et que sa voix, quoique souvent perçante, reste haute et voilée comme celle de l'enfance.

Les religions, la sagesse, les lois, et même les passions les plus fortes, l'amour et l'orgueil, ont réuni leurs préceptes, leurs dispositions et leurs efforts, pour maintenir la chasteté des mœurs, particulièrement dans le sexe le plus foible et le plus exposé aux attaques et aux séductions, pour ne montrer qu'un objet sacré dans la pureté de la jeune vierge, et pour garantir de tous les dangers qui peuvent l'environner, cette vertu des femmes, de laquelle dépendent les bases de l'ordre social, la paix, le bon-

heur, la sûreté et tous les droits des familles. Mais, dans plusieurs contrées, elles
ont voulu davantage, et, pour le malheur de tant de femmes injustement soup-
çonnées, elles ont donné une croyance
aveugle à des signes trompeurs, qu'elles
ont regardés comme des marques certaines d'une conduite criminelle, ou d'une
vie sans taches : et comme la série des
extravagances humaines doit offrir tous
les contrastes, nous voyons, d'un autre
côté, des peuples entraînés par la superstition ou par une ridicule vanité, n'attacher aucun prix à cette virginité, objet,
dans d'autres pays, de tant de précautions, d'hommages et de vœux ; en céder
les prémices à leurs chefs, à leurs des-
potes, à leurs prêtres ; les sacrifier à des
idoles ; les abandonner, les offrir même
à des étrangers.

L'état que la puberté impose à l'homme,
est l'union avec une compagne : la nature
a voulu que cette union fût très-longue,
en prolongeant pendant plusieurs années
le besoin qu'ont les enfans de soins multipliés. Le bonheur des deux individus
que réunit le mariage, exige que l'amour
en prépare le lien, que la raison l'ap-
prouve ; que de touchans souvenirs, la
reconnoissance et la tendresse en garantissent la durée. La sagesse des lois en
règle les conditions ; les religions, en le
bénissant comme la plus sûre garantie
des mœurs et des vertus, donnent un
caractère encore plus sacré à ce vœu de
la nature, dont la violation a entraîné
dans les sociétés humaines tant de désor-
dres, de troubles, de dépravations et de
crimes.

Mais une loi de cette même nature,

qui n'a été transgressée que par de faux
calculs, par une passion brutale, ou par
une bien coupable tyrannie, est celle qui
veut qu'un homme n'ait qu'une femme,
et qu'une femme n'ait qu'un homme,
puisque le nombre des hommes et celui
des femmes sont à peu près égaux dans
toutes les contrées, et que les différences
légères qui séparent ces nombres ne dépendent que d'accidens rares, de hasards
fugitifs, de circonstances plus ou moins
passagères.

Sans le mariage, les nouvelles facultés
que l'homme acquiert par la puberté
pourroient souvent lui devenir funestes.
La liqueur prolifique pourroit, au lieu
d'être repompée et portée dans les différentes parties du corps pour ajouter à
leur force, séjourner dans ses réservoirs
en assez grande quantité et pendant un

temps assez long pour produire des irri-
tations violentes, faire naître une passion
impétueuse, et ravaler l'homme au rang
de ces animaux que des impressions analogues rendent, dans certaines saisons,
indomptables et furieux.

Le plus haut degré de cette maladie,
dans les femmes, a été connu sous le nom
de fureur utérine. Une véritable manie
trouble alors leur esprit ; leur imagination s'allume surtout lorsqu'elle a été
excitée par des images obscènes et des
propos licencieux ; leur égarement leur
ôtant même toute pudeur, elles s'abandonnent non-seulement aux discours les
plus lascifs, mais encore aux actes les
plus indécens.

Au reste, les suites des jouissances ex-
cessives sont bien plus terribles encore :
les forces s'affoiblissent, la faculté dont

on a abusé s'anéantit, les traits se défor-
ment, les cheveux tombent, l'ouie s'é-
mousse, la vue s'éteint, la mémoire s'ef-
face, l'esprit disparoît, et la mort termine
toutes ces misères.

Le but du mariage est d'avoir des enfans; mais souvent ce but n'est pas atteint. La stérilité peut être causée, dans
l'un et l'autre sexe, par un défaut de
conformation ou un vice accidentel dans
les organes, et par l'altération des liqueurs prolifiques. Trop d'embonpoint
ou de maigreur, des affections trop vives,
une grande intempérance, l'abus des plaisirs, l'excès du travail, peuvent nuire à
la fécondité. On a cru remarquer que les
femmes qui ont une constitution sèche,
un système nerveux facilement irritable,
une peau aride et brune, des passions
violentes et un caractère ardent, sont

presque toujours stériles ; que les femmes d'un tempérament bilieux sont sujettes à l'avortement ; que celles qui sont phleg-matiques, indolentes, incapables d'affec-tion, conçoivent difficilement ; mais que celles dont le tempérament est sanguin et humide, l'humeur gaie, et le caractère affectueux, sont ordinairement fécondes.

On a pensé aussi que, tout égal d'ail-leurs, les peuples qui se nourrissent beau-coup de poissons, comme, par exemple, les Chinois, les anciens Égyptiens et les habitans de presque toutes les contrées maritimes, étoient très-prolifiques, et que la fécondité étoit plus grande dans les climats froids que dans les pays voi-sins de la zone torride.

Lorsque la grossesse commence, le superflu du sang, si abondant chez les femmes, et dont elles ont besoin, dans les temps ordinaires, de se débarrasser par des évacuations périodiques et régulières, séparées, le plus souvent, par l'intervalle d'un mois, devient bientôt nécessaire pour la nourriture et le développement de l'embryon, vers lequel il se porte par une direction nouvelle. Presque toutes les autres sécrétions de la femme sont alors suspendues ou diminuées; on diroit qu'elle n'existe plus en elle-même, et que sa vie est concentrée tout entière dans le nouvel être auquel elle doit donner le jour.

Très-souvent son visage se décolore, la beauté de son teint se flétrit; son estomac rejette les alimens les mieux choisis; ses forces paroissent abattues, sa gaieté disparoît : elle est comme abandonnée aux caprices, au dégoût, à la langueur, à la mélancolie.

C'est vers le troisième mois de sa grossesse qu'elle ressent les mouvemens de
son enfant, qui, au milieu de l'espèce de
sommeil dans lequel il est plongé, prend
machinalement la position dans laquelle
il est le moins gêné, se recourbe, rapproche ses membres, et se replie en boule.

Hippocrate et Aristote ont pensé que
les fœtus femelles se développoient plus
lentement, et que leurs mouvemens n'é-
toient sensibles pour la mère que vers le
cinquième mois.

Le terme ordinaire de la grossesse est
de neuf mois ou environ; il peut cependant s'étendre beaucoup plus loin, et être
beaucoup plus rapproché. Notre célèbre
confrère, M. Tessier, de l'Académie royale
des sciences, a donné à l'Académie un
résumé très-curieux des grandes différences que peut présenter la durée des

portées dans les femelles de plusieurs animaux domestiques. Ce résumé seul prou-
veroit, par analogie, la grande diversité
qui peut se trouver dans la durée de la
grossesse de la femme. D'ailleurs, on sait
combien d'enfans nés dans le septième
mois ont joui d'une bonne santé, et on
a vu vivre pendant long-temps des enfans nés au sixième et même au cinquième
mois. On a, par exemple, rapporté l'histoire de Fortunio Licetti, né à Gênes
après cinq mois. Son père, qui étoit médecin, l'éleva avec beaucoup de soin, le
tint dans une douce chaleur, et lui fit
sucer du lait sucré. L'enfant dormit jusqu'à la fin des neuf mois, se réveilla à
cette époque, vécut comme les enfans
venus au terme ordinaire de la grossesse,
et, dans la suite, embrassa la profession
de son père, dans laquelle il devint cé-

lèbre par ses connoissances et par ses
ouvrages.

Dans le dernier temps de la grossesse,
l'enfant a la tête tournée vers le bas ;
lorsque le terme de la délivrance de la
mère approche, il s'engage de plus en
plus dans la cavité du bassin : les douleurs de la mère deviennent plus vives ;
l'orifice de la matrice s'élargit, le vagin
se dilate ; les enveloppes qui environnent
l'enfant se déchirent, les eaux de l'amnios s'échappent, et l'enfant paroît à la
lumière. Quelquefois il entraîne sur sa
tête une partie des membranes qui viennent de se déchirer, et on dit qu'il est
né *coiffé ;* d'autres fois il montre ses
pieds au lieu de sa tête, et les anciens
nommoient *agrippa* les enfans en qui
on avoit remarqué cette disposition. S'il
se présente de travers, on tâche de

changer sa position. Mais les circonstances de l'accouchement peuvent devenir si malheureuses qu'on ne peut le
terminer que par des procédés dangereux ; et ce n'est qu'avec horreur que
nous rapportons que, dans ces dangers
extrêmes où l'on ne peut sauver l'enfant
et la mère, un abus épouvantable de
je ne sais quel principe, une application
aussi criminelle qu'absurde de prétendus
préceptes, une violation sacrilége des lois
de la raison et de l'humanité, ont pu,
par un forfait que la religion réprouve
et que la justice des hommes devroit
punir de la peine la plus grave, faire
immoler sciemment la malheureuse mère
dans une opération barbare, pour tâcher
de sauver les jours si incertains d'un être
à peine vivant et dont l'existence n'a été
encore qu'un sommeil, image de la mort.

A peine la femme est-elle délivrée, que son ame s'épanouit et s'ouvre à la joie la plus douce ; elle oublie toutes ses douleurs pour ne goûter que le bonheur d'être mère.

Ses forces vitales prennent, pour la seconde fois, une nouvelle direction ; elles se transportent vers les mamelles, et y produisent la sécrétion du lait. Cette espèce de crise demande de sages précautions, surtout pour les femmes délicates, et pour celles que les usages de la société ont privées de tant de ressources que la nature leur avoit destinées.

Il s'en faut de beaucoup, cependant, que toutes les femmes soient condamnées à ces souffrances si vives, à ces accouchemens si laborieux ; elles les doivent presque toujours à un genre de vie trop différent de celui que leur prescrit la

nature. Il faut compter parmi ces habitudes qui rendent leurs délivrances si pénibles, l'usage de vêtemens trop étroits,
l'abus des plaisirs, le mauvais choix et
la trop grande quantité des alimens;
l'excès du café, des liqueurs et des autres
boissons échauffantes; une vie trop agi-
tée, ou trop sédentaire; des mouvemens
trop violens, ou une nonchalance trop
prolongée. Les femmes de tous les peuples à demi sauvages accouchent sans
douleur; les compagnes des cultivateurs
ne connoissent point les accouchemens
pénibles, et se rétablissent au bout de
peu de jours.

Les maux de l'accouchement et ceux
de la grossesse peuvent, d'ailleurs, être
d'autant plus grands que la mère est
encore trop jeune; que ses organes n'ont
pas acquis le développement nécessaire,

ni ses forces tout leur accroissement. S'il
est, en effet, des jeunes gens qui ne
grandissent plus après la quinzième année, d'autres croissent jusqu'à vingt-
deux ou vingt-trois ans. Pendant cet intervalle, la plupart ont le corps mince,
la taille alongée, les muscles grêles, les
cuisses et les jambes menues. Peu à peu
les chairs augmentent, les vides se remplissent, les membres s'arrondissent, les
contours des muscles se prononcent ; et
avant l'âge de trente ans l'homme est
entièrement développé, et toutes ses
proportions sont établies.

Les femmes, plus tôt pubères que les
hommes, et dont les muscles et les divers
organes sont moins compactes, moins
solides que ceux des hommes, arrivent
aussi beaucoup plus tôt au terme de leur
entier accroissement. C'est ordinairement

à vingt ans qu'elles parviennent au développement parfait de ces formes adou-
cies, de ces membres sveltes, de ces traits
délicats, de ces proportions si gracieuses,
qui leur donnent la beauté et y ajoutent
tant de charmes. Elles règnent par la
beauté et par la grâce, comme l'homme
par la force et la majesté.

« Tout annonce dans les deux sexes,
« dit le grand peintre de la nature, les
« maîtres de la terre; tout marque dans
« l'homme, même à l'extérieur, sa su-
« périorité sur tous les êtres vivans : il
« se soutient droit et élevé ; son atti-
« tude est celle du commandement: sa
« tête regarde le ciel, et présente une
« face auguste, sur laquelle est impri-
« mé le caractère de sa dignité ; l'image
« de l'ame y est peinte par la physio-
« nomie ; l'excellence de sa nature perce

« à travers les organes matériels , et
« anime d'un feu divin les traits de son
« visage ; son port majestueux , sa dé-
« marche ferme et hardie annoncent sa
« noblesse et son rang : il ne touche à
« la terre que par ses extrémités les plus
« éloignées ; il ne la voit que de loin , et
« semble la dédaigner : les bras ne lui
« sont pas donnés pour servir de piliers
« d'appui à la masse de son corps ; sa
« main ne doit pas fouler la terre, et
« perdre, par des frottemens réitérés,
« la finesse du toucher dont elle est l'or-
« gane ; le bras et la main sont faits
« pour servir à des usages plus nobles,
« pour exécuter les ordres de la volonté,
« pour saisir les choses éloignées, pour
« écarter les obstacles, pour prévenir
« les rencontres et le choc de ce qui
« pourroit nuire, pour embrasser et re-

« tenir ce qui peut plaire, et le mettre
« à la portée des autres sens. »

De tous les traits de cette face auguste,
les yeux sont celui qui concourt le plus
à cette physionomie si expressive, à ce
tableau si rapide, où les agitations les
plus secrètes de l'ame se peignent, même
souvent indépendamment de la volonté,
avec tant de précision, de vivacité et
de force : l'œil seroit seul le miroir de
l'ame. Les nerfs optiques ayant les rapports les plus intimes avec le cerveau
proprement dit, on diroit que l'œil
est le véritable organe extérieur de
l'intelligence. Il exprime les passions les
plus vives, les sentimens les plus violens, et les nuances les plus délicates des
affections les plus douces. C'est dans les
yeux qu'on cherche à lire les pensées les
plus cachées, les émotions les plus in-

times; ils sont, le plus souvent, les signes les moins trompeurs de la sensibilité, de l'esprit, de l'élévation du génie : on leur demande en quelque sorte la garantie des plus saintes promesses ; on les consulte avec d'autant plus de facilité qu'on peut, si je puis employer cette expression, les interroger tous les deux à la fois, et qu'ils peuvent répondre ensemble.

Les deux yeux de l'homme sont, en effet, dirigés en avant ; il ne voit pas des deux côtés en même temps, comme un grand nombre de quadrupèdes. Mais, si sa vue s'étend sur un champ moins vaste, ce champ n'est pas divisé; l'homme l'embrasse tout entier par une seule intuition : il y a moins de trouble, plus d'unité et de certitude dans les résultats de la vision, et les comparaisons plus exactes qu'il peut établir entre les actions

des deux yeux, lui donnent des notions
plus précises des formes et des distances,
des impressions plus propres à servir
l'intelligence et à la féconder.

Au reste, remarquons que l'on ne
trouve pas, dans l'organe de la vue de
l'homme, un muscle particulier, bulbeux
et suspenseur de l'œil, que l'on observe
dans plusieurs animaux, et dont l'absence
indiqueroit seule que l'homme n'est pas
organisé pour brouter l'herbe des champs,
et avoir presque toujours la tête rabaissée et les yeux inclinés vers la terre.

Ces yeux, destinés à regarder le ciel
et de grandes portions de la surface du
globe, sont de différentes nuances dans
leur iris. Ces couleurs sont l'orangé, le
jaune, le vert, le bleu, le gris, le gris
mêlé de blanc : elles sont plus foncées
sur les filets qui, dans l'iris, se dirigent

vers la prunelle comme des rayons vers un centre, et sur les espèces de flocons que l'on voit entre les filets, que sur les ramifications très-déliées qui réunissent ces filets et ces flocons. Cependant les couleurs les plus ordinaires de l'œil, ou plutôt de l'iris, sont, dans les zones tempérées, l'orangé et le bleu. Les iris que l'on croit noirs ne sont que d'un orangé foncé, ou d'un jaune mêlé de brun, et ils ne paroissent entièrement noirs que par l'oppositiou de leurs nuances avec le blanc de la cornée.

On voit très-souvent, dans le même iris, des nuances d'orangé, de jaune, de gris et de bleu ; mais alors c'est presque toujours le bleu qui domine, en régnant sur toute l'étendue des filets.

Les yeux que l'on trouve les plus beaux, sont ceux dont les iris paroissent

noirs ou bleus. Les yeux noirs ont plus
de force et d'expression ; ils brillent d'un
éclat plus égal : mais il y a plus de douceur et de finesse dans les bleus, parce
qu'ils montrent plus de reflets variés et
plus de jeu dans leur lumière.

Les sourcils ajoutent à la vivacité de
l'œil par le contraste de leur couleur, et
par les mouvemens dont ils sont susceptibles et qui donnent à la physionomie
un caractère si prononcé. Les muscles du
front peuvent les élever, ou les froncer,
et les abaisser en les rapprochant l'un
de l'autre.

Les paupières garantissent les yeux ;
la supérieure se relève et s'abaisse. Le
sommeil les ferme malgré la volonté, en
relâchant les muscles destinés à les ouvrir, et ce voile qu'il étend le rend encore plus profond , en empêchant une

vive lumière de pénétrer dans l'œil, d'agir sur le nerf optique, et de provoquer ainsi le réveil et l'activité.

Les cils qui garnissent les deux paupières, non-seulement en augmentent les effets salutaires, mais font paroître les yeux plus beaux et rendent le regard plus doux.

Le front contribue le plus à la beauté du visage, lorsqu'il n'est ni trop rond, ni trop plat, ni trop étroit, ni trop court. Les cheveux qui l'entourent et l'embellissent, sont plus longs et plus touffus pendant la jeunesse qu'à toute autre époque de la vie ; ils tombent peu à peu. Ceux qui garnissent la partie la plus élevée de la tête tombent les premiers, et la laissent souvent toute nue. Il est très-rare, cependant, qu'une femme devienne chauve. Mais, dans les deux sexes,

les cheveux, à mesure qu'on avance en
âge, ou par l'effet de grandes maladies
et de violens chagrins, se dessèchent,
blanchissent par la pointe, deviennent
ensuite blancs dans toute leur longueur,
et se cassent aisément.

Quoique le nez soit la portion la plus
avancée et le trait le plus apparent du
visage, on ne le remarque que lorsqu'il
est difforme, très-grand ou presque nul.
N'étant susceptible que de mouvemens
peu sensibles, il contribue à la beauté
sans influer sur la physionomie, le véritable objet de notre attention, parce
qu'elle est le signe de tout ce qui peut
nous rebuter ou nous plaire.

Il n'en est pas de même de la bouche:
l'œil est entraîné par une sorte de charme
vers ces lèvres vermeilles, relevées par
la blancheur de l'émail des dents, molle-

ment remuées pour peindre les plus foibles nuances des plus douces affections,
ou vivement agitées pour exprimer les
sentimens les plus violens, et qui, recevant une sorte de vie particulière de la
voix dont elles complètent l'organe, indiquent et font distinguer, par leurs in-
flexions et leurs divers mouvemens, tous
les sons de la parole.

La mâchoire inférieure, la seule mobile, a souvent un mouvement involon-
taire, non-seulement dans les instans où
l'ame s'abandonne à une passion très-
vive, mais encore dans ceux où l'ennui
en émousse, pour ainsi dire, toutes les
facultés, et la réduit à cette sorte d'inac-
tion et de langueur qui se manifeste par
des bâillemens plus ou moins lents et
plus ou moins prolongés.

Un désir ardent ou un vif regret,

éprouvés subitement, soulèvent les poumons, et occasionnent une inspiration
vive et prompte qui forme le soupir. Si
ce désir ou ce regret ne cessent point,
les soupirs se renouvellent ; la tristesse
s'empare de l'ame ; les yeux se gonflent,
une humeur surabondante les couvre et
les obscurcit ; les larmes coulent : des
inspirations plus fortes et plus rapprochées remplacent les soupirs par des
sanglots, qui, mêlés à des sons plaintifs,
se changent bientôt en gémissemens, exprimés souvent avec assez de force pour
devenir des cris.

A ces tristes signes de la douleur du
corps et de celle de l'ame, succèdent ceux
du contentement et de la joie. Pendant
le son entrecoupé que l'on appelle ris,
le ventre s'élève et s'abaisse précipitam-
ment ; les coins de la bouche se rappro-

chent des joues, qui se gonflent et se resserrent, et des éclats de voix se succèdent. Si ce ris devient immodéré, les lèvres sont très-ouvertes ; mais, s'il se change en simple souris, les coins de la bouche se rapprochent, sans qu'elle s'ouvre, des joues qui se gonflent ; et il suffit qu'alors la lèvre inférieure se replie et se presse contre celle de dessus, pour què cette expression de la bienveillance et de la satisfaction devienne le signe de la malignité, de l'ironie et du mépris.

Un instant de réflexion suffit pour arrêter ou changer les mouvemens du visage : mais la volonté n'a aucun empire sur la rougeur, qui dénote la honte, la colère, l'orgueil ou la joie ; ni sur la pâleur, qui accompagne la crainte, l'effroi ou la tristesse. La couleur passagère du visage dépend d'un mouvement du sang

produit malgré nous par le système nerveux, organe de nos sentimens intérieurs.

Les grands peintres et les grands statuaires ont bien connu, et on a très-
bien décrit, d'après eux, les diverses
attitudes et les divers mouvemens, plus
ou moins involontaires, de la tête, des
yeux, des sourcils, des paupières, des
lèvres, des coins de la bouche et des
muscles de la face, qui accompagnent
les passions vives ou les sentimens profonds, comme la fureur, la colère, l'envie, la jalousie, la malice, la dérision,
le mépris, l'effroi, l'horreur, la tristesse,
la joie, l'affection et l'amour.

Les parties de la tête qui influent le
moins sur la physionomie et sur l'air du
visage, sont les oreilles, placées à côté
de la face, et souvent cachées par les
cheveux : elles n'ont ordinairement que

de bien foibles mouvemens, volontaires
ou involontaires. Il paroît que, si les
plus grandes et les mieux bordées ne
sont pas regardées comme les plus jolies,
ce sont celles qui entendent de plus loin
et distinguent les sons avec le plus de
facilité. Seroit-ce cette considération qui
auroit fait naître parmi plusieurs peuples à demi sauvages, plus intéressés
que des peuples civilisés à entendre de
loin, l'habitude, d'ailleurs bien bizarre,
non - seulement de percer les oreilles,
pour y suspendre des boucles, des an-
neaux, des diamans ou des pierres pré-
cieuses ; mais encore d'en étendre exces-
sivement le lobe, en le perçant et en y
introduisant des morceaux de bois ou
de métal remplacés successivement par
des morceaux plus gros ?

La variété et la bizarrerie des usages

sont bien plus remarquables dans la manière de considérer ou d'arranger la barbe, tantôt entièrement rasée, et tantôt conservée en partie ou maintenue avec soin dans toute sa longueur ; et les cheveux, que l'on a vus, suivant les temps et suivant les lieux, rasés en totalité ou coupés très-courts, conservés en couronne, attachés en queue, ou recouvrant toute la tête, se déployant dans toute leur étendue, tombant sur les épaules et descendant le long du dos, presque jusqu'à terre, tantôt relevés avec soin, frisés avec art, bouclés avec profusion, teints en diverses couleurs, garnis d'essences et de parfums, couverts de poudres blanches, noires ou rousses, et tantôt cédant la place à des masses artificielles de cheveux étrangers, aussi singulières par leurs formes que par leur volume.

Si la tête de l'homme est garnie de
cheveux plus longs et plus touffus que
la crinière de plusieurs animaux, à laquelle on a voulu les comparer, son
corps est bien moins velu que celui des
quadrupèdes vivipares, au moins dans
l'état de société ; et au lieu que sur ces
quadrupèdes les poils du dos sont les
plus longs et les plus serrés, ceux qui
garnissent le dos de l'homme sont ordinairement les plus clair-semés et les plus
courts. Les femmes, les eunuques, les
hommes dont le tempérament est foible,
froid ou humide, ont la peau beaucoup
moins garnie de poils.

La poitrine est plus large dans l'homme
que dans les quadrupèdes. C'est sur cette
poitrine plus élargie que sont situées les
mamelles, toujours au nombre de deux.
Celles de l'homme sont moins grosses et

moins élevées que celles de la femme ;
mais elles en diffèrent très-peu par l'organisation, et on a cité quelques exemples d'un véritable lait formé dans les
mamelles d'hommes forts et encore
jeunes.

Les mains de l'homme sont d'autant
plus adroites et lui donnent un toucher
d'autant plus parfait, que tous les doigts,
excepté l'annulaire, sont très-mobiles,
indépendamment les uns des autres, ce
que l'on ne voit dans aucun mammifère,
pas même dans les singes. D'ailleurs le
pouce est plus long à proportion que
dans ces mêmes singes, cependant si
adroits.

Les bras, auxquels tiennent ces mains,
sont attachés à de larges omoplates et
maintenus par de fortes clavicules ; et
voilà pourquoi l'homme peut porter

de si grands fardeaux sur le haut des épaules.

Ces bras et ces mains concourent beaucoup, par la gesticulation, à l'expression des différentes affections de l'ame. Dans la joie, ils sont agités par des mouvemens rapides et variés ; ils sont pendans dans la tristesse. On les élève vers le ciel dans les vœux, la prière, et l'espérance qui la suit. On les ouvre ou les étend pour recevoir, embrasser et saisir les objets désirés. On les avance avec précipitation comme pour repousser ce qui nous inspire de la crainte, de la haine ou de l'horreur.

Le pied de l'homme est très-différent de celui des singes, qui est une véritable main. La jambe porte perpendiculairement sur cette base, plus large à proportion que la main de derrière du singe.

Le talon, renflé par-dessous, augmente la largeur de la base et la sûreté de la station. Les doigts, assez courts, ne peuvent presque pas se plier ; le pouce, plus long et plus gros que les autres, ne peut pas leur être opposé pour saisir les objets. Le pied ne peut donc ni prendre, ni retenir ; il ne peut que supporter le corps. L'homme est le seul qui ait en même temps deux véritables pieds et deux véritables mains, et dans son organisation tout démontre que sa station naturelle est la station verticale. Les muscles qui étendent la jambe et la cuisse, et les retiennent dans l'état d'extension, sont plus grands, plus forts, et produisent ce volume du mollet et cette grosseur des fesses qu'on ne voit pas dans les autres mammifères. Les muscles fléchisseurs de la jambe sont attachés assez haut pour

ne pas empêcher l'extension complète du
genou. Le bassin, plus large, écarte les
cuisses, les jambes et les pieds, et donne
au corps proprement dit une base plus
étendue et plus propre à maintenir l'équilibre. La conformation des fémurs donne
encore plus d'écartement aux jambes et
aux pieds, et plus de largeur à la base
du corps. Lorsque le jeune homme, en
jouant, veut marcher sur ses mains et
sur ses pieds, il éprouve beaucoup de
peine : ses pieds courts et peu flexibles,
et ses cuisses très-longues, le contrai-
gnent à rapprocher ses genoux de la
terre ; ses épaules écartées, et ses bras
trop séparés, soutiennent foiblement le
devant de son corps.

D'ailleurs le muscle que l'on nomme
grand dentelé, et qui suspend, pour
ainsi dire, le tronc des quadrupèdes, est

plus petit dans l'homme que dans ces
mammifères. La tête de l'homme est plus
pesante à proportion que celle des quadrupèdes, non-seulement à cause de l'é-
tendue du cerveau, mais encore parce
que les cavités des os sont plus petites ;
il n'a, pour la soutenir, ni ligament cer-
vical, ni vertèbres conformées de manière à la retenir et à l'empêcher de se
fléchir en avant : et voilà pourquoi celui
qui essaie de marcher sur ses quatre extrémités, a beaucoup de peine à maintenir sa tête même dans la ligne de l'épine
du dos ; ses yeux sont dirigés vers la terre,
et il ne peut voir devant lui.

De plus, les artères qui vont au cerveau ne se divisant point comme dans
plusieurs quadrupèdes, le sang s'y por-
teroit avec tant d'affluence pendant des
mouvemens exécutés dans une position

horizontale, que l'engorgement du cerveau et l'apoplexie en seroient très-souvent le résultat.

Par une suite de la situation verticale de l'homme, le cœur n'est pas posé sur le sternum, comme dans les quadrupèdes vivipares; mais il repose sur le diaphragme, et comme ce diaphragme est un des centres d'action du système nerveux, les nerfs de l'homme doivent participer davantage des mouvemens du cœur, les modifier avec plus de force ; et cette double influence expliquerait seule la nature et la vivacité de la sensibilité humaine.

L'estomac, les intestins, ce qu'on appelle le tube alimentaire de l'homme, ont, dans leur conformation, beaucoup de rapport avec ceux des animaux carnassiers et avec ceux des herbivores. Pou-

vant, d'après cette organisation, se nourrir de substances animales comme de végétaux, quelle facilité de plus à l'homme
pour se soustraire à l'influence des climats et vivre dans les pays les plus différens les uns des autres!

Et si, pour continuer de montrer les
caractères distinctifs de l'homme, pour
avoir une idée moins incomplète de son
organisation intérieure, nous portons les
yeux sur cette charpente osseuse qui soutient, maintient et défend les organes de
sa circulation, de sa nutrition, de ses
mouvemens et de ses sensations, nous
compterons trente-deux vertèbres dans
sa colonne épinière, sept vertèbres cervi-
cales, douze dorsales, cinq lombaires,
cinq sacrées et trois coccygiennes : leurs
noms indiquent leur position particulière.

Douze côtes, de chaque côté, défendent la poitrine : des douze paires qu'elles
forment, les sept supérieures, auxquelles
le nom de véritables côtes a été donné,
s'attachent au sternum, qu'elles maintiennent et fortifient par des portions
cartilagineuses ; les cinq paires suivantes
sont nommées fausses-côtes.

Huit os composent la boîte osseuse qui
renferme le cerveau : l'*occipito-basilaire,*
qui est à la base de la tête ou à l'occiput,
deux temporaux, deux pariétaux qui les
surmontent, le frontal, l'ethmoïde et le
sphénoïdal.

La face en présente quatorze : deux
maxillaires supérieurs, dont chacun est
réuni à un os jugal par une arcade appelée *zygomatique;* deux palatins, situés
en arrière du palais; deux naseaux; deux
cornets du nez; un vomer, qui sépare les

narines ; un lacrymal au côté interne de l'orbite de chaque œil, et l'os unique, qui compose la mâchoire inférieure.

Au bout de l'arête saillante qui relève et consolide l'omoplate, on voit l'*acromium*, espèce de tubérosité osseuse à laquelle s'attache la clavicule, et au-dessous de son articulation on remarque une pointe appelée *bec coracoïde*.

Dans l'avant-bras, le radius s'articule avec l'humérus ou l'os unique du bras proprement dit, de manière à pouvoir tourner autour du cubitus. Le carpe a huit os, disposés sur deux rangs, chacun de quatre pièces, et on n'en compte que sept au tarse.

Lorsque toute la charpente osseuse et tous les organes de l'homme sont entièrement développés, lorsqu'il a acquis toute la grandeur à laquelle il doit atteindre, il est rare que sa hauteur surpasse deux mètres, ou soit au-dessous de seize décimètres. Cette hauteur ne varie donc communément que dans le rapport de quatre à cinq. Les femmes, en général, ont un décimètre ou environ de moins que les hommes.

Mais, dans les différentes parties de cette grandeur moyenne, qui présente à peu près dix-sept ou dix-huit décimètres, quelles sont les proportions que le sentiment et le goût ont fait regarder comme les plus belles par les peuples qui ont porté l'art statuaire au plus haut degré?

On divise la hauteur totale en dix parties égales, auxquelles les artistes ont donné le nom de *faces*, parce que la face humaine a été leur module. Chacune de ces *faces* a été ensuite partagée en trois. La première partie de la première face,

ou le trentième de la hauteur totale, commence à la naissance des cheveux et finit
à celle du nez ; le nez fait la seconde
partie de la face, et la troisième s'étend
depuis le dessous du nez jusques au-dessous du menton.

On compte un tiers de face depuis la
naissance des cheveux jusques au sommet
de la tête ; et, par conséquent, depuis le
sommet de la tête jusques au-dessous du
menton il doit y avoir une face et un
tiers, ou quatre trentièmes de la hauteur
totale.

On veut deux tiers de face entre la fossette des clavicules et le dessous du menton : d'où il résulte que, depuis cette
fossette des clavicules jusques au sommet
de la tête, on doit trouver deux faces ou
le cinquième de la hauteur totale.

La troisième face va depuis la fossette

des clavicules jusques au-dessous des mamelles ; la quatrième, depuis les mamelles
jusques au nombril ; et la cinquième, depuis le nombril jusques à la bifurcation
du tronc, où finit la première moitié de
la hauteur totale.

Il doit y avoir deux faces dans la longueur de la cuisse, une demi-face dans
celle du genou ; deux faces dans la longueur de la jambe, jusques au cou-de-
pied ; et une demi-face comprise entre ce
cou et la plante du pied complète les dix
faces de la hauteur.

Pour les hommes d'une taille très-
haute on ajoute une demi-face entre les
mamelles et la bifurcation du tronc, de
manière que la moitié de la hauteur totale se trouve alors un quart de face au-
dessus de cette bifurcation.

La distance entre les extrémités des

deux plus grands doigts, lorsque les bras et les mains sont étendus sur une ligne horizontale, doit être égale à la hauteur totale du corps. On demande une face depuis la fossette de la clavicule jusques à l'articulation du bras, deux entre cette articulation et le coude, et deux depuis le coude jusques à la naissance du petit doigt. La main a une face de longueur, le pouce un tiers de face, et le dessous du pied un sixième de la hauteur totale. C'est cette dernière proportion d'un à six qui donne à la station de l'homme l'équilibre et la stabilité nécessaires.

Dans l'enfance, les parties supérieures du corps sont plus longues à proportion qu'après l'adolescence. Dans les femmes, la partie antérieure de la poitrine est plus élevée, et il y a plus de largeur dans les os des hanches, ainsi que dans les autres

os qui s'y réunissent pour former la ca-
pacité du bassin.

Quelque foible et quelque délicat que
paroisse l'homme lorsqu'on le compare
à un grand nombre d'animaux mammifères, il est peut-être aussi fort ou plus
fort, à proportion de son volume, que les
animaux les plus vigoureux, au moins
si on ne confond pas avec la force réelle
de ces animaux les effets des dents, des
griffes, des cornes et des autres armes
que la nature leur a données. Il peut se
charger de poids énormes : on a écrit
qu'à Constantinople les porte-faix portoient ordinairement des fardeaux pesant
plus de quatre cent cinquante kilogrammes. On connoît l'espèce de harnois que
M. Desaguliers avoit imaginé, et par le
moyen duquel différens poids étoient dis-
tribués sur les diverses parties du corps,

de manière qu'un homme pouvoit porter
jusqu'à mille kilogrammes.

Les hommes exercés à la course de-
vancent des chevaux, ou soutiennent cet
exercice pendant plus de temps que ces
animaux. Un homme, accoutumé à marcher, peut faire chaque jour plus de chemin qu'un cheval, et même continuer sa
route lorsque le cheval est harassé au
point de ne pouvoir plus aller. Les cou-
reurs de profession de la Perse faisoient
plus de trente lieues en quatorze heures.
On a assuré que des Africains devançoient
des lions à la course. Des sauvages de
l'Amérique septentrionale poursuivent
les cerfs que l'on a nommés orignaux,
avec tant de vîtesse, qu'ils les lassent et
les atteignent. Ils ont fait à pied, et au
milieu de montagnes escarpées où il n'y
avoit aucun sentier tracé, des voyages de

mille et douze cents lieues en moins de deux mois, et même de six semaines.

La femme a bien moins de force, de même que la nature lui a donné une taille moins haute. Elle a d'ailleurs, et par exemple dans la race européenne, la tête petite, des cheveux longs, fins et flexibles, des traits délicats ; des yeux brillans de vivacité, et cependant le regard très-doux ; la bouche pleine de charmes, les lèvres vermeilles, les dents semblables à deux rangs de perles de l'Orient ; la peau très-blanche, satinée, et pour ainsi dire à demi transparente ; la blancheur des joues relevée par des teintes du plus beau rose ; la voix haute, douce, argentine, mélodieuse, accentuée de la manière la plus expressive par toutes les nuances des sentimens les plus tendres, et modulée par les conceptions les plus

délicates de l'esprit le plus prompt, le
plus pénétrant et le plus délié ; une chair
mollement élastique ; les épaules minces,
les formes arrondies avec grâce, le sein
élevé ; des cuisses un peu grosses, pour
mieux soutenir des hanches plus larges ;
les mouvemens les plus légers, la démarche la plus élégante.

Mais si, au lieu d'examiner ces attributs
extérieurs de l'homme et de la femme,
nous voulons juger des facultés que la
nature leur a départies, pénétrer jusqu'à
cette émanation, pour ainsi dire céleste,
qui leur a été accordée, jusqu'à ce caractère auguste qui leur a été donné, jusqu'à cette intelligence merveilleuse qui
les a faits rois de la terre, et que nous
portions nos regards sur l'organisation
du cerveau que l'on a considéré comme
le principal siége de cette intelligence,

nous verrons que non-seulement le cerveau de l'homme est plus grand à proportion que celui des mammifères les plus favorisés, ainsi que nous l'avons déjà dit, mais encore qu'il est remarquable par les replis de ses hémisphères. La partie postérieure de ce cerveau, organisé ainsi de manière à recevoir et produire un plus grand nombre d'effets plus variés, s'étend en arrière, de manière à recouvrir le cervelet. Son volume est d'ailleurs beaucoup plus grand, à proportion du volume des nerfs qui en sortent, que dans les mammifères ; et ainsi l'organe où aboutissent toutes les sensations, où arrivent les impressions extérieures, où se font sentir les ébranlemens intérieurs, où ces ébranlemens, ces impressions, ces sensations doivent être distingués par l'attention, comparés par la réflexion, retenus par la mémoire, présente dans ses dimensions relatives, comme dans ses dimensions absolues, et dans sa composition, une nouvelle supériorité.

C'est par cinq organes différens que les impressions des objets extérieurs parviennent à ce cerveau si favorablement étendu et composé. C'est dans ces organes que résident les sens extérieurs, la vue, l'ouïe, l'odorat, le goût et le toucher. Pour comparer convenablement la force de ces sens avec celle des sens des animaux et particulièrement des mammifères, il ne faut pas prendre pour objet de son examen l'homme tel que la société le présente, tel qu'il a été modifié dans presque tous ses attributs par les résultats de ses diverses associations; il faut considérer les sens de l'homme encore très-rapproché de l'état sauvage, et que

les usages , les arts et les ressources de la
civilisation n'ont pas dispensé d'exercer
ses organes dans toutes leurs facultés.
Nous trouvons ces hommes encore à demi
sauvages dans les bois, les savanes, les
steppes, les déserts de plusieurs contrées,
et particulièrement des deux Amériques,
celle du Nord et celle du Sud. Quelle
énorme différence entre la distance immense à laquelle le demi-sauvage voit et
distingue les objets qu'il recherche, et la
distance si courte à laquelle l'Européen,
par exemple, peut reconnoître les objets
avec lesquels il est le plus familiarisé !
L'éloignement qui empêche l'Européen
d'entendre des sons déterminés, est aussi
bien inférieur à celui qui n'empêche pas
le demi-sauvage de reconnoître ces mêmes
sons ; et l'on ne peut pas douter que l'odorat de ce demi-sauvage ne soit aussi très-

supérieur , par son intensité et par sa
portée, à celui de l'homme civilisé. Mais
ce que la vue, l'ouïe et l'odorat ont perdu
en portée et en intensité pour l'homme
de la société, est compensé, au moins en
grande partie, par ce qu'ils ont gagné en
délicatesse. Ces nuances si fines des formes
et des couleurs que les personnes fami-
liarisées avec les chefs-d'œuvres de la
peinture remarquent si facilement dans
un tableau : cette variété, pour ainsi dire
infinie, de tons et d'expressions, qu'une
oreille exercée distingue dans un mor-
ceau de musique, avec quelque rapidité
qu'il soit exécuté, échapperoient presque toutes au demi-sauvage, puisqu'elles
ne peuvent pas être saisies par les habitans des contrées les plus civilisées que
leurs habitudes ont rendus étrangers aux
arts.

On peut faire des rapprochemens analogues relativement à l'odorat et au goût,
qui n'est en quelque sorte qu'une extension de l'odorat.

Quant au toucher, non-seulement il
a gagné par la civilisation, mais ce sens
de l'intelligence n'a rien perdu. La jus-
tesse primitive de son organe dépen-
dant en grande partie de la flexibilité
des doigts et de la nudité de la peau, qui
n'est recouverte par aucune écaille, par
aucune substance dure et insensible,
elle s'est augmentée par l'exercice de ces
doigts, et par la plus grande souplesse
d'une peau devenue plus fine et plus délicate. Et combien ce perfectionnement
d'un sens dont les sensations rectifient
les impressions des autres sens, a contri-
bué aux progrès de l'esprit et au développement des facultés de l'ame : tant est

grande l'influence qu'exercent, l'une sur l'autre, les deux substances dont l'homme est composé, l'ame et le corps ! La première, inétendue, simple, immatérielle, indivisible, immortelle, se manifeste à nous par la pensée; et cette pensée, qui est notre véritable existence, notre existence intime, notre existence libre et indépendante, notre existence illimitée, et par laquelle notre ame s'unit à tous les objets qui lui plaisent, sans être arrêtée ni par l'espace, ni par le temps, ni par la nature d'aucun de ces objets, se diversifie et se modifie en trois facultés principales : la mémoire, l'imagination et la comparaison ou le jugement. Ces facultés se développent presque toujours dans l'ordre où nous venons de les nommer. Pendant l'enfance, c'est la mémoire qui est la plus exercée; et voilà pourquoi,

dans un système d'instruction bien combiné, il faut présenter à l'enfance le plus
d'objets possible, et l'occuper du plus
grand nombre de faits qu'on puisse offrir
à son attention. C'est après la puberté
que la force des sens et la vivacité du
sentiment allument dans l'ame le feu de
l'imagination ; et c'est dans l'âge mûr que
l'ame, plus exercée à comparer, a, dans
toute sa plénitude, la faculté de juger et
de connoître. Sous ce triple point de vue
on voit aisément tous les rapports qu'on
pourroit trouver entre l'homme et les
animaux les plus intelligens.

D'après la puissance de l'ame sur le
corps, et l'action qu'exerce sur l'ame la
substance matérielle de notre être, il n'est
pas surprenant que, lorsque l'ame se
livre à une méditation profonde, le cerveau, fortement exercé, éprouve une sorte

de tension particulière et spasmodique, une activité supérieure et pour ainsi dire exclusive, pendant laquelle les autres organes suspendent une partie de leurs mouvemens. Les sens s'émoussent momentanément; l'œil cesse de voir; l'oreille cesse d'entendre : les communications des objets extérieurs avec l'ame sont interrompues. Cet isolement de l'ame, cet état de contemplation, cette considération unique de quelques objets que sa mémoire lui retrace, porte le nom d'*extase*, et seroit une folie des plus funestes, si l'ame trop foible ne pouvoit faire cesser cette extase, maîtriser ses opérations, commander au cerveau, rendre aux sens toute leur action, et rétablir entre tous les organes toutes les communications ordinaires.

Mais, avant que l'intelligence n'ait acquis son empire, ou lorsque l'ame n'use pas de sa volonté, quelle est la nature de cette force qu'on a nommée instinct, qui entraîne les lèvres de l'enfant nouveau-né vers la mamelle qui doit le nourrir, et qui imprime à l'homme tant de mouvemens imprévus ou involontaires? C'est cette force qui pénètre tous les corps de la nature, qui les régit en raison de leurs masses, qui diminue à mesure que la distance augmente; qui, dans les très-petites distances, change avec les figures des molécules, parce que ces figures en facilitent ou empêchent les rapprochemens complets; qui favorise ou combat l'action des masses; qui, dans les corps organisés, vivans et sensibles, se combine avec les résultats de la sensibilité, acquiert par cette réunion une sorte de nature nouvelle, agit avec une bien plus grande in-

tensité, et produit des effets d'autant plus
marqués, d'autant plus réguliers, d'autant plus constans, que la pensée est plus
foible, et que l'ame, moins attentive ou
prévenue dans sa réflexion par un événe-
ment soudain et inattendu, n'oppose à
cette force qu'une volonté moins éner-
gique.

Voilà pourquoi dans l'homme, comme
dans les animaux, l'instinct est d'autant
plus foible que l'intelligence est plus
grande.

C'est cette intelligence qui, réunie au
sentiment, a produit toutes les langues.
La nature avoit donné à l'homme l'organe de la voix : l'art lui a donné la
parole et le langage. Mais qu'on ne croie
pas que la première langue ait présenté
toutes les combinaisons, toutes les finesses,
toute la richesse des langues modernes,

de la grecque ou de la latine. C'est de ces langues composées, c'est de ces admirables instrumens du génie, de l'imagination, de la raison et des sciences, que l'on auroit eu le droit de dire que, pour les créer, les proposer, les faire adopter, il auroit fallu le secours d'une première langue, aussi riche, aussi habilement construite. Ce n'est pas ainsi que le premier langage a été formé ; l'art de la parole ne s'est développé que successivement et avec une très-grande lenteur. Il y a aussi loin de la première langue à celle d'Homère, de Virgile, de Corneille et de Racine, que d'une simple et grossière cabane aux chefs-d'œuvres de l'architecture grecque.

Comment donc peut-on supposer que se sont faits les premiers développemens du langage, que se sont produits les premiers élémens de l'art de la parole?

Le temps ni les circonstances n'ont pas manqué à ces développemens successifs. Le long séjour des enfans auprès de leur mère, le long besoin qu'ils ont de sa tendresse, de son dévouement, de ses soins, de la présence de leur père, de sa force tutélaire, de son courage protecteur, produisent la famille, dans le sein de laquelle se forment des familles plus jeunes, liées avec l'ancienne par l'habitude, l'affection, les secours mutuels, les jouissances communes; et bientôt existe une petite tribu, qui, pour sa sûreté, ses alimens, son habitation, ses plaisirs, toutes les relations qui s'établissent entre les membres qui la composent, ne peut se passer d'ajouter au langage imparfait déjà né entre le père et la mère, entre le père, la mère et les enfans : et combien la naissance et l'accroissement de ce premier langage ont été aidés par l'expression du regard, de la physionomie, de l'attitude, des gestes, de toute la pantomime !

Les premiers élémens de ce langage, encore si borné, ont dû être les sons qui, par une suite de la composition de l'organe vocal, et de ses rapports avec tous les autres organes, expriment, et souvent malgré nous, nos diverses sensations, tant internes qu'externes. Ces sons, que la nature a donnés à l'homme, sont par exemple, les voix, les accens, les cris du besoin, du plaisir, de la douleur, du désir, de la répugnance, de l'effroi. Ces voix sont les voyelles primitives, qui se retrouvent et doivent se retrouver presque toutes dans toutes les langues du monde.

A mesure que, pour communiquer

des sensations plus variées et des idées
plus nombreuses, on a besoin d'un plus
grand nombre de signes, on a recours à
de nouveaux sons. On les préfère, ces
sons, aux différentes nuances de la pantomime, non-seulement parce qu'ils sont
plus nombreux, mais encore parce qu'on
les distingue à de grandes distances, sans
que l'interposition d'aucun objet puisse
les voiler et arrêter leur transmission, et
pendant les ténèbres de la nuit, comme
au milieu de la plus vive lumière du jour.
On emploie les sept consonnes qu'on a
nommées primitives, et dont nous avons
déjà parlé ; on les réunit aux voyelles
déjà employées ; et de leurs combinaisons, dont le calcul peut facilement dé-
montrer le grand nombre, naissent une
grande quantité de syllabes. On accouple
ces syllabes ; on les ajoute les unes aux

autres, deux à deux, trois à trois, quatre
à quatre, etc. ; et l'on a des mots pour
exprimer les sensations et représenter les
idées. Ces mots ne sont employés d'abord
que pour désigner l'existence des objets :
bientôt d'autres mots indiquent successivement les manières d'être qui frap-
pent dans ces objets, les effets qu'ils
produisent et ceux qu'ils subissent. De
nouveaux mots marquent et appliquent
à l'existence de ces objets, de leurs modifications, de leurs produits et des résultats de l'action exercée sur ces mêmes
objets, les idées du passé que la mémoire
rappelle, du présent que l'on sent, et de
l'avenir dans lequel on place les sujets de
ses désirs ou de ses craintes.

A mesure que les idées se fécondent
et se multiplient, la diversité des objets
de la pensée, de leurs modifications, de

leur action, de leur sujétion, et de leurs
manières d'être ou d'agir, considérées
dans le passé, le présent et le futur,
exige de nouveaux mots. La mémoire,
cependant, pourroit se refuser à les retenir. On n'en augmente le nombre que
le moins possible ; on les lie par des analogies, afin qu'on les rappelle plus aisément. On fait plus ; on emploie les mots
déjà connus, et on se contente de marquer successivement, par des syllabes
ajoutées au commencement ou à la fin de
ces mots avec lesquels on est déjà familier, les temps, les nuances et les conditions du passé et de l'avenir, les rapports
des objets ou des *substantifs* qui les représentent, avec les qualités qu'ils peuvent offrir ou avec les *adjectifs* qui dési-
gnent ces qualités, les nuances de l'action
de ces objets ou de celles dont ils sont les
sujets.

Par cet admirable procédé on peut
réserver les mots nouveaux qu'on est
obligé de créer, pour marquer plus fortement les diverses liaisons des idées.
Toutes les pensées, tous leurs degrés,
tous leurs rapports, sont exprimés dans
un ordre déterminé; les règles sont établies; les diverses syntaxes existent : le
génie des langues se montre comme le
résultat de toutes les circonstances qui
ont pu influer sur les sensations, les
idées, la mémoire, l'imagination et la
réflexion de la tribu ou du peuple qui,
en faisant passer avec plus ou moins de
lenteur le langage par tous les degrés de
l'accroissement, l'a créé, étendu, enrichi
et régularisé.

Mais, parmi toutes les affections qui,
au milieu de la jeune famille, font naître
le premier langage, nous devons princi-

palement compter la plus vive, la plus impérieuse, l'amour, qui réunit l'homme à sa compagne, confond tous leurs sentimens, toutes leurs pensées, toutes leurs volontés, et ne fait qu'un seul être de deux. Aucune des passions qui peuvent régner sur l'homme n'exige autant de signes différens, parce qu'aucune ne se compose d'autant de nuances de sentimens divers ; aucune n'imprime à la voix, dont les modifications forment le langage, autant de variété dans les accens ; et c'est par une influence semblable de l'amour sur l'organe de la voix des oiseaux, que dans la plus riante des saisons les oiseaux chanteurs font résonner les bocages de leurs chants si mélodieux, pendant qu'auprès de leurs compagnes ils préparent le nid qui doit recevoir le fruit de leur union, ou qu'ils cherchent à charmer sa peine pendant qu'elle couve avec assiduité les œufs qu'elle a pondus.

A mesure que le langage, cet ouvrage du sentiment et de la pensée, se forme et se perfectionne, nos idées deviennent plus précices, plus claires, plus fortes. Nous les examinons avec plus de facilité, parce que nous les comparons en quelque sorte dans leurs signes, qui en sont des copies nettement circonscrites. Nous conservons plus long-temps les résultats de ces comparaisons, parce que nous en mettons aisément les signes en réserve dans notre mémoire ; et, par cette transposition des copies à la place des images des objets tracés dans notre entendement, nous opérons sur nos idées avec le même avantage que les algébristes retirent des lettres de l'alphabet substituées momentanément aux quantités dont ils veulent trouver les rapports.

D'ailleurs, au moyen du langage, la
pensée d'un individu se féconde par celles
de tous les individus auxquels le langage
la communique. Elle ne revient à celui
qui l'a émise, que combinée avec toutes
les pensées plus ou moins analogues
qu'elle a trouvées, pour ainsi dire, dans
l'intelligence de tous ceux à qui le langage
l'a adressée. Quelle grande et mutuelle
influence ! Quel accroissement de toutes
les facultés de l'esprit !

Le sentiment s'anime aussi par la com-
munication que le langage établit avec
tous ceux qui peuvent en être l'objet, et
par la vive réaction de l'affection rela-
tive, qu'il fait naître avec d'autant plus
de force qu'il est exprimé par un langage
bien différent d'une simple pantomime,
et propre à montrer toute sa nature, tous
ses degrés, toute sa violence, dans le

passé, dans le présent et dans l'avenir.

Mais, par une trop grande extension
de tous ces effets, leur résultat peut devenir bien funeste. Les facultés de l'ame
peuvent s'exalter, et agir assez fortement
sur des organes trop foibles ou altérés
dans leur conformation, pour déranger
le siége des idées, troubler l'entendement,
interrompre la mémoire ; détruire les
images des rapports réels qui lient les
objets, y substituer de fausses analogies ;
abandonner l'esprit à toutes les illusions,
à toutes les chimères, et produire les
visions, les manies, les aberrations, la
démence, la folie et toutes les maladies
mentales qui dégradent l'intelligence de
l'homme au-dessous de l'instinct de la
brute.

Et qu'il s'en faut que ce revers déplorable, cet abaissement, cette chute ter-

rible soient les seuls maux auxquels
l'homme est condamné ! Non-seulement
il n'est pas à l'abri des maux physiques
qui pèsent sur les animaux ; mais encore
par combien de maladies dépendantes
de sa nature particulière ne peut-il pas
être accablé ! et que la douleur lui fait
payer cher ses superbes prérogatives !

Indépendamment de ces dangers, qui
se renouvellent si souvent et auxquels
l'homme a tant de peine à échapper, il
porte en lui-même le principe de sa destruction. Non-seulement les objets avec
lesquels il communique, l'attaquent à
l'extérieur ; mais encore il est sans cesse
soumis à une altération intérieure plus
ou moins lente, ou plus ou moins rapide.
Il partage le sort de tous les êtres organisés, et pour être à la tête de tous ces êtres
vivans, il n'en subit pas moins leur con-

dition commune. On peut dire en quelque sorte qu'aucun corps organisé n'est un seul instant stationnaire : la force vitale qui l'anime, commence de l'user dès le moment où elle cesse de l'accroître. La vie peut être représentée par une courbe qui monte et descend, et dont le sommet n'est qu'un point indivisible. Dès que l'homme est arrivé à ce point de perfection, il commence à déchoir. La force interne qui a développé tous ses organes, commence à agir contre elle-même. Il se passe souvent plusieurs années avant que le dépérissement ne soit sensible ; mais le changement n'en est pas moins commencé, mais l'homme n'en est pas moins sur la pente du chemin de la vie.

Le corps, ayant acquis toute son étendue en hauteur et en largeur, augmente en épaisseur, la seule dimension vers

laquelle puissent se porter les forces nutritives qui ont atteint les limites des
deux premières. Le premier degré de
cette augmentation est aussi la première
nuance de son dépérissement, parce que
cette nouvelle action des substances nutritives n'augmente l'activité d'aucun organe, et ne fait qu'ajouter au corps, par
l'accumulation d'une matière surabondante, un volume et un poids inutiles
et bientôt dangereux. Cette substance
superflue forme la graisse qui remplit
les cavités du tissu cellulaire. Le corps
a moins de légèreté ; les facultés physiques diminuent ; les membres, devenus
plus lourds, n'exécutent plus que des
mouvemens moins parfaits. Les sucs
nourriciers, continuant d'arriver dans
les os qui ont pris toute leur extension
en longueur et en largeur, ne servent

plus qu'à augmenter la masse de ces parties solides. Les membranes deviennent
cartilagineuses; les cartilages deviennent
osseux; les fibres se durcissent; les vaisseaux s'obstruent; la peau se dessèche;
les rides se forment; les cheveux blanchissent; les dents tombent; les mâchoires se rapprochent; les yeux s'en-
foncent; le visage se déforme; le dos se
courbe, et le corps s'incline vers la terre
qui doit le recevoir dans son sein.

Cette dégradation s'opère par une longue suite de nuances presque innombrables et par conséquent très-foibles; son
cours est quelquefois suspendu par d'heureuses circonstances, par les secours de
l'art et par les conseils plus sûrs d'une
sagesse prévoyante. Mais cette interrup-
tion cesse, et la dégradation continue de
s'accélérer avec plus ou moins de régula-

rité. Souvent on la remarque dès l'âge de
quarante ans : ses degrés sont assez lents
jusques à soixante ; sa marche devient
ensuite plus rapide. La caducité commence vers soixante-dix ans ; la décré-
pitude la suit : le corps s'affaisse ; les
forces des muscles ne sont plus propor-
tionnées les unes aux autres ; la tête
chancelle ; la main tremble ; les jambes
plient sous le poids qu'elles doivent supporter ; les nerfs perdent leur sensibilité ;
les sens s'affoiblissent ; toutes les parties
se resserrent ; la circulatiou des fluides
est gênée, la transpiration diminue ; les
sécrétions s'altèrent, la digestion se ralentit ; les sucs nourriciers sont moins
abondans ; les portions du corps, deve-
nues trop solides, ne reçoivent plus ces
sucs réparateurs, cessent de se nourrir
et de vivre ; le corps meurt par parties ;

le mouvement diminue ; la vie va s'éteindre, et ordinairement la mort termine
cette longue et triste vieillesse avant l'âge
de quatre-vingt-dix ou au moins de cent
ans.

Mais la somme des dangers qui menacent la vie, ou, pour mieux dire, l'action
des causes qui tendent à l'altérer et à
l'anéantir, n'est pas répartie également
sur chacune des années qui la composent;
les divers âges n'y sont pas également
exposés ; et si, par le moyen des observations recueillies avec soin et des tables
de mortalité construites avec habileté,
on veut savoir dans quelle proportion
ces causes de destruction sont distribuées
dans les différens âges, on trouvera que,
par exemple, dans une contrée tempé-
rée et dans un pays civilisé, tel que la
France, sur un million d'enfans qui

viennent au monde, il n'en reste que 767,525 au bout d'un an, 555,486 au bout de dix ans, 502,216 au bout de vingt, 438,183 au bout de trente, 369,404 au bout de quarante, 297,070 au bout de cinquante, 213,567 au bout de soixante, 117,656 au bout de soixante-dix, 34,705 au bout de quatre-vingts, et 15,175 au bout de quatre-vingt-quatre ans.

Nous allons cesser de nous occuper de l'individu, pour essayer de présenter le tableau de l'espèce ; mais auparavant, et pour tâcher d'achever le portrait de l'homme, montrons sous de nouveaux points de vue quelques-uns des traits qu'il offre dans ses quatre âges, et plaçons ici une partie de l'esquisse que nous en avons publiée, il y a déjà bien des années, dans la Poétique de la musique.

« L'enfance, y disions-nous, ne peut
« avoir aucun sentiment profond, au-
« cune affection assez marquée pour
« constituer une passion ; elle est trop
« molle pour conserver les empreintes
« qu'elle peut recevoir. Les affections
« du jeune enfant ne doivent dépendre
« que de ce qui se présente à lui ; elles
« doivent ne découler que des impres-
« sions qu'il reçoit : elles doivent donc
« être aussi passagères que les objets
« extérieurs sont mobiles pour lui. Et
« comment ces objets ne le seroient-ils
« pas pour un petit être qui à chaque
« instant change de place ou d'attitude,
« s'approche ou s'éloigne de ce qui l'en-
« toure, et fait ainsi varier et se mou-
« voir relativement à lui tout ce qui
« l'environne ? Ses sentimens doivent
« être aussi fugitifs et aussi inconstans

« que sa course est incertaine, que sa
« démarche est vacillante, que ses gestes
« sont peu décidés. Il doit se porter avec
« promptitude vers tout ce qui s'offre à
« lui, parce que tout doit remuer avec
« force ce qui n'est jamais ému vive-
« ment par un sentiment durable : tout
« agit aisément ce qui par lui-même
« n'a aucun mouvement déterminé : tout
« trouve aisément une place dans ce qui
« est encore presque entièrement vide
« d'impressions et d'images....

« Cependant l'enfant peut être rem-
« pli d'agrémens, de grâces et de char-
« mes, si une éducation mal entendue
« n'a pas contraint ses mouvemens ; si
« la simple nature a développé libre-
« ment ses membres ; s'il a pu en faire
« usage par tous les exercices qui con-
« viennent à cet âge tendre, mais ami

« de l'agitation et du changement dans
« tous les genres. Les proportions les
« plus agréables, c'est-à-dire les plus
« naturelles, règnent dans ses membres;
« il n'a pas encore appris à les tenir re-
« pliés par convenance, à les roidir par
« bon air, à leur donner des attitudes
« bizarres par convention : les travaux
« ne les ont pas encore viciés, déformés
« et altérés; sa main n'a pas encore ma-
« nié des instrumens pesans; son dos n'a
« pas été courbé sur une charrue ou sur
« un atelier : ses cheveux flottent au gré
« du vent et de la belle nature; sa peau
« n'a pas été ternie par un soleil ardent,
« ou gercée par le froid; la tempête n'a
« pas encore fondu sur sa tête; il ne
« voit la vie, qui se présente à lui, que
« comme une route semée de fleurs; il
« ne prévoit aucun des dangers et des

« malheurs qui l'attendent : le chagrin
« n'a pas ridé son front et effacé la no-
« blesse de ses traits ; l'on y distingue
« encore la première origine du roi de
« la nature : la défiance n'a pas rendu
« sa démarche arrêtée et suspendue, son
« regard inquiet, son coup d'œil fixe et
« sinistre ; son esprit, dégagé de préju-
« gés et de soucis, ne lie que des idées
« agréables, n'enfante que des images
« gracieuses. Si quelques peines légères
« viennent troubler les beaux jours qui
« sont tissus pour lui, elles ne laissent
« aucun souvenir ; elles se dissipent
« rapidement avec les objets qui les ont
« fait naître. Que lui manque-t-il pour
« offrir l'image la plus fidèle des grâces,
« de la gaieté, de l'agrément, des char-
« mes et de la gentillesse ?....

« Malgré la légèreté des affections de

« l'enfance et la mobilité qui lui est si
« naturelle, qui est même nécessaire au
« développement de ses organes et des
« facultés de son esprit ; et sans laquelle
« elle passeroit à la jeunesse sans idées
« et sans connoissances, il est des sen-
« timens qu'elle éprouve constamment
« et qui, s'ils ne sont pas bien pro-
« fonds, compensent, par leur espèce
« de durée, ce qui peut manquer à
« leur vivacité. Telle est la tendresse
« qu'ils ressentent pour ceux dont ils
« ont reçu le jour, pour celle qui les
« a nourris, pour ceux qu'ils voient sou-
« vent et qui leur témoignent de l'em-
« pressement ; pour ceux qui les élèvent
« et qui mêlent un attachement assidu,
« un intérêt véritable à leurs soins et à
« leurs leçons. Cette tendresse constante
« dépend de la cause même qui produit

« la légèrete naturelle de toutes leurs
« autres affections ; elle tient à la facilité
« avec laquelle tous les objets extérieurs
« agissent sur leurs organes, si aisés à
« ébranler. Ils ont à chaque instant sous
« les yeux les diverses personnes dont
« nous venons de parler ; à chaque ins-
« tant ils en reçoivent des secours ou des
« plaisirs. L'impression qu'ils éprouvent
« est foible, mais elle est toujours re-
« nouvelée. Chacune de ces impressions
« successives leur inspire une affection
« nouvelle : ceux qui les environnent et
« les aiment, doivent donc bientôt leur
« devenir bien chers. A la vérité, ils ne
« font pas sur leurs cœurs, trop jeunes
« et peu susceptibles d'une trace pro-
« fonde, une impression assez forte pour
« n'avoir rien à craindre de leur chan-
« gement ; mais ils les remuent et les

« attendrissent à chaque instant; ils pro-
« duisent une succession de sentimens
« semblables, qui équivaut à un senti-
« ment unique et permanent. Ce n'est
« point ici l'effet qui dure; mais c'est la
« cause qui ne passe pas : ce sont les
« objets de leur tendresse filiale ou re-
« connoissante qui les émeuvent sans
« cesse, et reveillent sans cesse leur at-
« tachement. . . .

« Maintenant se présente à nous la
« brillante jeunesse, cet âge ou la na-
« ture morale et la nature physique
« développent et étendent leurs forces,
« où l'esprit se déploie, et où les im-
« pressions seroient plus profondes que
« jamais, si la réflexion les accompa-
« gnoit; la réflexion, cette faculté qui
« seule peut arrêter nos idées, fixer nos
« sentimens, et durcir véritablement

« leur empreinte. C'est alors que les
« passions commencent à exercer leur
« empire orageux ; c'est alors que tous
« les objets règnent si aisément sur l'ame :
« rien ne la remue foiblement, comme
« dans l'enfance ; tout la secoue violem-
« ment. Le jeune homme ne vit que
« d'élans et de transports : heureux
« quand ces transports ne l'entraînent
« que dans la route qu'il doit parcou-
« rir ! heureux lorsque les mains sages
« qui le dirigent, ne s'efforcent pas d'é-
« teindre le feu qui le dévore et qu'elles
« ne pourroient parvenir à étouffer ;
« mais qu'elles tendent à contenir ce
« feu, à le lancer vers les vertus su-
« blimes, vers tout le bien auquel la
« jeunesse peut atteindre !

« Venant d'un âge où personne n'a
« eu besoin de se défendre contre lui,

« où personne n'a pu le redouter, où,
« par conséquent, personne en quelque
« sorte ne lui a résisté ; sentant chaque
« jour de nouvelles forces qui se déve-
« loppent en lui, imaginant qu'elles
« augmenteront toujours, ne les ayant
« encore mesurées avec aucun obstacle,
« pensant que rien ne peut les égaler,
« croyant que tout va s'aplanir devant
« lui, fier, indomptable, et voulant se-
« couer entièrement le joug sous lequel
« sa foiblesse l'a retenu pendant son en-
« fance, le jeune homme est l'image de
« la liberté et de l'indépendance. Il fuit
« tout ce qui peut lui retracer ce qu'il
« appelle son esclavage, tout ce qui peut
« lui peindre son ancienne soumission ; il
« dédaigne des demeures trop resserrées,
« où son corps et son esprit se trouvent
« à l'étroit ; il ne se plaît que dans une

« vaste campagne, où il peut exercer ses
« forces à courir, son courage à domp-
« ter des coursiers sauvages, son adresse
« à les dresser, et son intrépidité à vain-
« cre et immoler des animaux féroces.
« Là, il saute de joie sur la terre, qu'il
« peut maintenant parcourir à son gré;
« il agite ses membres vigoureux; il s'es-
« saie à transporter de lourds fardeaux;
« il croit avoir beaucoup fait lorsqu'il
« a renversé avec effort un bloc de ro-
« cher, abattu avec vigueur un arbre,
« ou devancé ses chiens à la course. Ses
« traits ne sont plus l'image de la grâce
« et de la gentillesse, comme dans l'en-
« fance; mais celle de la fierté. Son
« corps, dont les contours sont plus du-
« rement exprimés, offrent des muscles
« dessinés avec force, et dont le jeu ra-
« pide et puissant annonce sa supério-

« rité ; ses cheveux, brunis par le soleil,
« dont il se plaît à affronter les ardeurs,
« sont plus longs et plus touffus ; ses
« yeux, pleins de feu, brillent de cou-
« rage; ses bras portent déjà les dures
« empreintes, non pas de ses travaux
« utiles, mais de ses travaux capricieux :
« sa démarche est ferme, sa tête élevée,
« son ton de voix imposant; il a l'air
« du fils d'un Hercule, et paroît destiné
« à remuer sa massue et à dompter les
« monstres. Impétueux , remué aussi
« souvent que l'enfance, mais toujours
« agité violemment; transporté à la pré-
« sence de chaque objet nouveau ; chan-
« geant à chaque instant de place, de
« projet et de désir ; franchissant tous
« les obstacles, impatient de tout retar-
« dement, qui pourroit s'opposer à sa
« course rapide et vagabonde ? La voix

« seule du sentiment est assez forte pour
« le retenir ; la nature, qui parle dans
« son cœur plus haut que tous les ob-
« jets qui l'entourent, lui fait reconnoî-
« tre, chérir et vénérer la voix de celui
« qui lui donna le jour et qui soigna
« son enfance : c'est un lion qu'on con-
« duit avec une chaîne couverte de roses,
« sans qu'il cherche à rompre de si doux
« liens. Heureux le jeune homme, lors-
« que la tendresse paternelle est le seul
« frein donné à son courage ; lorsque
« les passions si dangereuses, si vives à
« cet âge des erreurs, ne s'emparent pas
« de son ame et ne la livrent pas en
« proie à toutes les illusions, à toutes
« les fausses espérances, à tous les tour-
« mens ; lorsque la plus terrible de ces
« passions ne vient pas le dominer !
« Elle commence par le séduire ; elle

« lui peint tous les objets en beau ; elle
« présente la nature plus riante et plus
« belle aux yeux fascinés du jeune
« homme trompé ; elle conduit ses pas
« dans une route en apparence semée
« de fleurs ; par un pouvoir fantastique,
« elle lui fait voir, au bout de cette fa-
« tale carrière, les portes du temple du
« bonheur, ouvertes pour le recevoir ;
« elle lui montre sa place marquée à
« côté de l'objet de sa passion funeste :
« c'est Armide qui conduit Renaud
« dans une île enchantée, qui le retient
« éloigné de ses guerriers, de son de-
« voir et de sa gloire, et qui, en l'en-
« tourant de guirlandes, l'enlace dans
« des chaînes dont bientôt il sentira
« tout le poids.

« Quelquefois au milieu des ardeurs
« brûlantes de l'été, lorsqu'un soleil

« sans nuages répand de tous côtés des
« rayons enflammés, le jeune homme,
« déjà plongé dans sa fatale ivresse,
« cherche un abri paisible contre les
« feux de l'astre du jour ; il s'enfonce
« dans une forêt ; il y rencontre une
« source claire et limpide, autour de
« laquelle les oiseaux chanteurs font en-
« tendre leur douce et agréable mélodie :
« le calme de ces lieux, la fraîcheur qui
« y règne, l'obscurité, le murmure des
« eaux, tout l'invite au sommeil. A peine
« est-il endormi, que la passion qui le
« domine lui présente en songe l'objet
« qui règne sur ses sens. Il se réveille
« plongé dans une illusion entière : il
« voit dans tout ce qui l'entoure l'objet
« pour lequel il soupire, ou, pour mieux
« dire, il ne voit que lui : il n'est plus
« que de flamme. L'illusion cesse bien-

« tôt ; mais sa blessure profonde reste,
« rien ne peut en apaiser les vives dou-
« leurs : partout il porte avec lui le
« trait fatal qui l'a blessé. Il traîne en
« gémissant sa chaîne cruelle : il veut la
« rompre, et elle résiste à ses secousses ;
« il veut s'en débarrasser, et tous ses
« efforts n'aboutissent qu'à s'en entourer
« davantage. Livré au désespoir, à des
« fureurs, à des tourmens horribles, il
« sent à chaque instant qu'une main
« ennemie et invisible le couvre de nou-
« velles blessures. Ses yeux se creusent ;
« ses joues ardentes portent l'empreinte
« de la flamme dévorante qui le consume ;
« la joie, la douce paix, tout a fui loin de
« lui : il veut se fuir lui-même ; il gravit
« contre les monts les plus escarpés ; il
« pénètre dans les solitudes les plus pro-
« fondes ; et rien ne peut éteindre le feu

14

« allumé dans ses veines par un funeste
« poison. Égaré, hors de lui-même, il
« rugit ; il fait entendre des cris force-
« nés : il invoque la mort. . . .

« A la suite de la jeunesse se pré-
« sente l'âge mûr. L'homme jouit alors
« de toutes les forces de son corps et de
« son esprit ; les passions tumultueuses,
« et que l'ivresse ne cesse d'accompagner,
« ne règnent plus avec assez d'empire sur
« lui pour offusquer sa raison : le rayon
« divin qui l'anime brille de tout son
« éclat ; son intelligence, échauffée par
« les feux que le trouble de sa jeunesse
« a laissés dans son imagination, jouit
« de tous ses droits et soumet tout à sa
« puissance. Son ame, animant un corps
« parfait dont tous les organes ont reçu
« un juste degré de développement, où
« la force et la souplesse se trouvent

« réunies, et où tout seconde les divers
« mouvemens qui l'agitent, s'élance vers
« les spéculations sublimes, découvre les
« grandes vérités, entreprend, exécute,
« achève les plus grands travaux. Alors
« l'homme, véritable emblème de la ma-
« jesté et de la puissance, élevant sa tête
« droite et auguste sur un corps robuste
« et endurci, marche, parle, agit en
« maître de la nature, lui commande
« et la fait servir à ses nobles desseins.

« Mais, si les passions folles de la jeu-
« nesse ne déchirent plus son ame, elle
« est en proie à des passions presque
« aussi redoutables, moins vives, mais
« bien plus constantes. L'ambition fait
« briller devant lui des couronnes de
« toute espèce; elle l'engage dans des
« routes épineuses pour arriver au but
« éclatant qu'elle lui offre; but illusoire

« et fantastique, qui fuit presque tou-
« jours devant ceux qui cherchent à y
« parvenir, et qui disparoît enfin aux
« yeux de ceux qui sont près de l'at-
« teindre. Il suit la voix de cette am-
« bition cruelle, et celle de la fausse
« gloire. Il médite des projets sangui-
« naires ; il forge des chaînes pour des
« voisins dont tout le crime est d'être
« trop près de lui : il court aux armes,
« il aiguise le fer meurtrier ; il va, la
« flamme à la main, cueillir au milieu
« des horreurs d'une guerre injuste et
« barbare, des lauriers teints de sang :
« assis sur les débris d'une ville fumante,
« entouré des victimes infortunées de sa
« passion forcenée, il contemple avec
« des yeux féroces et cruels le ravage
« qui couvre au loin les campagnes, et
« tous ses gestes sont des signes de mort

« et de désolation. Ici, avide d'or et
« de vaines richesses, quels dangers ne
« brave-t-il pas pour assouvir sa brutale
« avarice ! Dans sa rage féroce, il ré-
« pand le sang de tout un monde nou-
« veau, que le génie n'avoit pas décou-
« vert pour des forfaits horribles ; il le
« change en un vaste désert, court se-
« mer les crimes les plus atroces dans
« une partie immense de l'ancien monde,
« en réduit sous le joug les malheureux
« habitans, et les transporte, chargés de
« chaînes, sur le nouveau monde qu'il
« a dévasté et où il a cru, dans sa fu-
« reur insensée, faire venir de l'or en
« l'abreuvant de sang.

« D'un autre côté, la gloire, et sou-
« vent la vertu, l'appellent dans de
« nouvelles routes, interrompues par
« un grand nombre de précipices, mais

« dont le but, bien loin d'offrir un vain
« fantôme, présente l'image sacrée de
« l'utilité publique. Alors, prince juste,
« bon et généreux, il donne la paix et
« le bonheur au monde, et ne compte
« ses jours que par ses bienfaits. Ici,
« dispensateur des grâces d'une reli-
« gion consolatrice, ou ministre des
« lois sacrées de la propriété et de la
« sûreté publique, il reçoit, dans les
« acclamations des citoyens qu'il con-
« sole et qu'il protège, la touchante ré-
« compense de ses vertus. Là, il appelle
« l'agriculture, le commerce et les arts
« utiles, et leur dit de fertiliser un
« pays inculte. Par ses bienfaits, ses
« travaux et son industrie, il unit les
« peuples les plus reculés ; il les enrichit
« par ses soins ; il les protège par sa
« puissance guerrière, ses talens mili-

« taires, ses vertus héroïques. Faisant
« naître les arts agréables, il répand
« mille charmes au milieu des tranquilles
« habitations de ses semblables : il les
« réunit, radoucit leurs caractères et en
« affoiblit la dureté, leur inspire les ver-
« tus aimables, calme leurs peines par
« de vives et d'innocentes jouissances ;
« leur retrace leurs anciens héros, leurs
« guerriers illustres, leurs grands hom-
« mes ; fait revivre leurs hauts faits et
« leurs sublimes pensées. Recueilli enfin
« dans une paisible retraite, consultant
« en secret la nature, abandonnant pour
« ainsi dire sa dépouille mortelle, s'éle-
« vant sur les ailes de son génie et de la
« contemplation, il découvre et montre
« à ses semblables les vérités les plus ca-
« chées et les plus utiles....

« Mais si l'homme, parvenu à l'âge

« viril, jouit de tout son être ; s'il est
« alors arrivé au plus haut degré de sa
« puissance, il va bientôt en déclinant :
« chaque jour ses facultés s'affoiblissent ;
« les forces de son corps diminuent ;
« il passe à la vieillesse.... Conservant
« toute la raison de l'âge viril et toutes
« les lumières de l'expérience, il offre
« toujours un front auguste sous les che-
« veux blancs qui ornent sa tête. Avec
« quel intérêt on voit cette image de la
« foiblesse de la tendre enfance, réunie
« avec toute la majesté, toute la vénusté
« de l'âge viril, et avec un caractère plus
« touchant, plus attendrissant et plus sa-
« cré ! Les maux qu'il a éprouvés, l'ex-
« périence qu'il a des dangers de toute
« espèce qui environnent la foiblesse
« humaine, remplissent son cœur d'une
« douce indulgence ; il aime, il plaint

« et il pardonne : c'est un être conso-
« lateur laissé au milieu de ses enfans
« pour y être une image vivante du Dieu
« qu'ils adorent, pour leur transmettre
« ses bénédictions, pour les aider par
« ses conseils, pour les soutenir par ses
« encouragemens et par sa tendresse at-
« tentive et prévoyante. Il reçoit de leur
« amour et de leur reconnoissance tous
« les secours que ses maux peuvent ré-
« clamer. Mais combien de fois, malgré
« leurs soins, leur affection, leur dé-
« vouement, il est obligé de courber sa
« tête auguste et défaillante sous le poids
« de la misère ou sous celui de l'adver-
« sité ! »

Et cependant cette société au milieu de
laquelle nous venons de placer les quatre
âges de l'homme, comment s'est-elle formée, accrue, perfectionnée ? Ne nous

contentons pas de considérer l'homme;
examinons l'espèce humaine.

« L'homme considéré en lui-même,
« avons-nous dit dans le temps[1], et abs-
« traction faite de ses rapports avec ses
« semblables, seroit bien différent de ce
« qu'il est devenu.

« Supposons, en effet, pour un mo-
« ment, qu'il se soit développé sans se-
« cours, et qu'il vive seul sur une terre
« aussi sauvage que lui : ne transpor-
« tons pas même le sol agreste sur le-
« quel il traîneroit sa vie trop près de
« ces contrées polaires, couvertes pen-
« dant presque toute l'année de glaces,
« de neiges et de frimas, où presque

---

1 Séances des écoles normales, édition de 1800, vol.
VIII, pag. 177, et Vue générale des progrès de plusieurs
branches des sciences naturelles depuis la mort de Buffon,
pag. 23.

« toute végétation est éteinte; où quel-
« ques animaux, difficiles à atteindre et
« dangereux à combattre, pourroient
« seuls lui fournir une rare et foible
« subsistance; où, sans vêtemens, sans
« asile, sans art, sans ressource, il au-
« roit perpétuellement à lutter contre
« la longue obscurité des nuits, l'inten-
« sité d'un froid très-rigoureux, la dent
« des animaux féroces, et la faim, plus
« dévorante encore. Ne le voyons pas
« non plus dans ces régions arides, trop
« voisines de la ligne, où la terre des-
« séchée ne lui présenteroit aucune ver-
« dure; où les vents rouleroient sans
« cesse les flots d'un sable brûlant; où
« une mer de feu l'inonderoit de toutes
« parts, et où il ne pourroit étancher la
« soif ardente qui le consumeroit, qu'en
« s'approchant des bords d'une eau jau-

« nâtre, repaire immonde de reptiles dé-
« goûtans, et en étant sans cesse menacé
« d'être déchiré par la griffe ensanglantée
« du lion et du tigre, ou de périr étouffé
« au milieu des replis tortueux d'un
« énorme serpent. Évitons ces deux ex-
« trêmes ; plaçons l'homme sauvage que
« nous examinons sur une terre tem-
« pérée, à peu près également éloignée
« des glaces des contrées polaires et des
« feux des plages équatoriales. Sa tête
« est hérissée de cheveux durs et pres-
« sés ; son front voilé par une sorte de
« crinière touffue ; son œil caché sous
« un sourcil épais ; sa bouche recou-
« verte d'une barbe très-longue, qui
« retombe en désordre sur une poitrine
« velue ; tout son corps garni de poils ;
« chacun de ses doigts armé d'un ongle
« alongé et crochu : quelle image il pré-

« sente ! La majesté de sa face auguste,
« les traits de l'intelligence, la marque
« d'une essence supérieure, le sceau
« du génie, tout est, pour ainsi dire,
« encore caché sous l'enveloppe d'une
« bête féroce. L'entière liberté de ses
« mouvemens, le besoin d'attaquer et
« celui de se défendre, donnent à ses
« muscles une grande vigueur, et à tous
« ses membres une grande souplesse. Il
« montre une force, une agilité et une
« adresse bien supérieures à celles de
« l'homme perfectionné. Mais que sont
« son adresse et son agilité, à côté de
« celles du singe ? et qu'est sa force,
« mesurée avec celle du cheval, du tau-
« reau, du rhinocéros et de l'éléphant ?
« Sa vue, son odorat et son ouie jouis-
« sent d'une grande sensibilité. Mais que
« devient la prééminence que les sens

« paroissent lui donner, si l'on compare
« sa vue à celle de l'aigle, son odorat à
« celui du chien, son ouïe à celle des
« animaux des déserts? Les doigts de ses
« pieds, fréquemment exercés, et qu'au-
« cun caprice n'a encore déformés, très-
« longs et très-séparés les uns des
« autres, le rendent presque quadru-
« mane ; ils rapprochent ses habitudes
« de celles du singe, avec lequel ses dents
« et presque toutes les parties de son
« corps présentent de très-grands rap-
« ports de conformation ; et si, pendant
« son repos ou son sommeil, il cherche
« dans des cavernes sombres un abri
« contre le danger, il passe presque tous
« les instans de sa vie active dans la
« profondeur des vastes forêts, occupé
« quelquefois à y poursuivre de foibles
« animaux, mais, le plus souvent, grim-

« pant de branche en branche , et y
« cueillant les fruits les moins durs et
« les moins acerbes.

« Cet état, cependant, n'est pour ainsi
« dire qu'hypothétique. Au milieu de
« ces bois, dans le fond de ces antres
« sombres, l'homme rencontre sa com-
« pagne. Le printemps répand autour
« d'eux sa chaleur vivifiante ; un senti-
« ment irrésistible les entraîne l'un vers
« l'autre ; la nuit les enveloppe de ses
« ombres ; la nature commande, elle est
« obéie ; l'homme ne sera plus seul sur
« une terre sauvage. Son existence est
« doublée ; elle est triplée au bout de neuf
« mois. Le nouvel être auquel il a donné
« le jour aura besoin , pendant long-
« temps, ou de lait, ou de soins, ou de
« secours : tous les feux du sentiment
« s'allument et s'animent par leur action

« mutuelle. Un lien durable est tissu ; le
« partage des plaisirs et des peines est
« établi : la famille est formée.

« La voix, qui n'est plus uniquement
« répétée par un écho insensible, mais
« à laquelle peut répondre une voix et
« semblable et bien chère, est mainte-
« nant bien des fois exercée. L'organe
« qui la produit se développe ; elle ac-
« quiert de la flexibilité : elle n'avoit en-
« core indiqué que l'effroi, elle exprime
« la tendresse ; elle se radoucit, elle se
« diversifie. La facilité, que donne la
« forme de la bouche et du nez, d'en
« convertir les sons en accens variés et
« proférés sans efforts, en multiplie
« l'emploi : elle a eu des signes pour
« les passions vives, elle en a pour
« les affections plus calmes ; elle en a
« bientôt encore pour les souvenirs, la

« réflexion et la pensée. L'art de la pa-
« role existe. La puissance créatrice de
« cet art réunit à l'ardeur de la sensi-
« bilité la lumière de l'intelligence : la
« première langue frappe le cœur, l'é-
« meut , développe l'esprit ; l'homme
« reçoit le complément de son essence ,
« l'instrument de sa perfectibilité , et,
« revêtu de sa dignité tout entière , il
« va marcher l'égal de la nature.

« Pouvant instruire ses semblables de
« ses sensations, de ses désirs, de ses
« besoins, il s'aide de ses fils , il s'aide
« de ses frères ; ils mettent en commun
« leur expérience par la mémoire, leurs
« travaux par l'entente, leur prévoyance
« par une affection mutuelle ou par un
« intérêt semblable. Leur nombre, leur
« union, et surtout leur concert, les ren-
« dent supérieurs aux animaux les plus

15

« redoutables. Leur chasse, plus heu-
« reuse, leur fournit un aliment plus
« substantiel et plus agréable, peut-être,
« que des végétaux que la culture n'a
« pas encore améliorés. Ils aiguisent des
« branches, ils façonnent des pieux, ils
« forment des massues ; ils arment de
« pierres dures et tranchantes un jeune
« tronc noueux, et déjà la hache est en-
« tre leurs mains. Les arbres cèdent à
« leurs coups; ils se font jour à travers
« des forêts épaisses. Ils poursuivent jus-
« que dans leurs repaires les plus gros
« animaux, leur donnent facilement la
« mort, les dépouillent sans peine ; se
« nourrissent de leur chair ; revêtent
« leur dos et leur large poitrine de la
« fourrure sanglante de leur proie ; se
« garantissent, par ce premier et gros-
« sier vêtement, de l'action délétère des

« averses ; entreprennent, même au mi-
« lieu des hivers, des courses plus loin-
« taines et des recherches plus produc-
« tives ; et nous avons déjà sous les yeux
« les premiers élémens de ces peuplades
« errantes que présentent de si vastes
« portions de l'Amérique septentrionale.

« Une tige flexible et élastique, pliée
« par le vent, se rétablissant avec vî-
« tesse, frappant avec force, et lançant
« au loin un corps plus ou moins léger,
« leur donne l'idée de la flèche ; une
« pierre jetée à de grandes distances
« par un bras nerveux, circulairement
« et avec rapidité, leur fait inventer la
« fronde, qui prolonge le bras.

« Le choc fortuit de deux cailloux fait
« jaillir des étincelles qui, tombant sur
« des feuilles desséchées, allument les
« forêts et propagent au loin un violent

« incendie. Ils imitent ce choc, ils le
« remplacent par un frottement répété ;
« et le feu, devenu leur ministre, leur
« donne un art nouveau.

« Devenus plus nombreux, ils sont
« forcés de réunir aux fruits de la chasse
« les produits de la pêche. Devenus plus
« attentifs, ils ont bientôt inventé les
« appâts, la ligne et les filets ; et pour
« que la distance du rivage ne puisse
« pas dérober le poisson à leurs recher-
« ches, quelques vieux troncs flottans
« près de la rive et réunis par des lianes
« forment le premier radeau, ou, creu-
« sés avec la hache, composent les pre-
« mières pirogues; et le premier naviga-
« teur, donnant à une rame grossière
« des mouvemens analogues à ceux des
« nageoires des poissons qu'il veut attein-
« dre, ou des pieds palmés des oiseaux

« nageurs qui poursuivent comme lui
« les habitans des mers ou des rivières,
« hasarde sur les ondes sa frêle et légère
« embarcation.

« Cependant, au milieu de ces bois
« voisins des eaux, et dont les grottes
« naturelles sont encore l'habitation de
« l'espèce humaine, un animal doué d'un
« odorat exquis, d'une vue perçante et
« d'un instinct supérieur, d'un naturel
« aimant, courageux pour les objets qui
« lui sont chers, timide pour ses propres
« besoins, avide d'un secours étranger,
« réclamant sans cesse un appui, se li-
« vrant sans réserve, modifiant ses habi-
« tudes par affection, docile par senti-
« ment, supportant même l'ingratitude,
« oubliant tout, excepté les bienfaits, et
« fidèle jusqu'au trépas, s'attache à
« l'homme, se dévoue à le servir, lui

« abandonne véritablement tout son
« être, et par cette alliance volontaire
« et durable, lui donne le sceptre du
« monde.

« Jusqu'à ce moment, l'homme n'a-
« voit pu que repousser, poursuivre et
« mettre à mort les animaux; mainte-
« nant, il va les régir. Aidé du chien,
« son nouveau, son infatigable compa-
« gnon, il réunit autour de lui la chèvre,
« la brebis, la vache; il forme des trou-
« peaux; il acquiert dans le lait un ali-
« ment salubre et abondant; la houlette
« remplace la hache et la massue : il
« devient pasteur.

« N'étant plus condamné à des courses
« lointaines, il cherche à embellir la
« grotte dont il n'est plus contraint de
« s'éloigner si fréquemment. Son cœur
« apprend à goûter les charmes d'un

« paysage, à préférer un séjour riant ;
« à attacher des souvenirs touchans à
« la forêt silencieuse, à la verte prairie,
« au rivage fleuri. Il a façonné le bois
« pour l'attaque ou la défense ; il va le
« façonner pour les plaisirs. Toujours
« guidé par le sentiment, entouré de sa
« compagne, de ses enfans, de son chien
« fidèle, il rapproche des branches sou-
« ples, en entrelace les rameaux, les
« couvre de larges feuilles, les élève
« sur des tiges préparées. Environnant
« d'épais feuillages et d'arbrisseaux flexi-
« bles cette enceinte si chère, cet asile
« qu'il consacre à tout ce qu'il aime, il
« construit la première cabane ; et l'éter-
« nel modèle de la plus pure architec-
« ture est dû à la tendresse.

« Il a vu des graines, transportées
« par le vent et reçues par une terre

« grasse et humide, faire naître des
« végétaux semblables à ceux qui les
« avoient produites : il recueille avec
« soin ces germes des plantes, dont les
« fruits servent à sa nourriture, ou dont
« les fleurs et les feuilles réjouissent ses
« yeux et plaisent à son odorat; il les
« sème autour de sa cabane; il arrose
« la terre à laquelle il les confie; il veut
« mêler à cette terre, dont il commence
« à sentir le prix, tout ce qui lui paroît
« devoir en augmenter la fertilité : des
« végétaux plus grands et plus nom-
« breux, des graines plus substantielles,
« des fruits plus savoureux que ceux qu'il
« a connus, sont les produits de ses soins.
« Son ardeur pour le travail augmente;
« ses labeurs se multiplient : il croit
« n'avoir jamais assez manié, retourné,
« engraissé une terre qui bientôt peut

« suffire à nourrir sa nombreuse fa-
« mille; il veut creuser de profonds sil-
« lons; il s'aide de tous ses instrumens :
« la hache se métamorphose en soc. Il
« appelle à son secours le plus fort des
« animaux qu'il élève autour de lui;
« une longue constance dompte le tau-
« reau : l'animal, subjugué presque dès
« sa naissance, soumet à la charrue
« qu'on lui impose une corne docile et
« une puissance dont il ne se souvient,
« en quelque sorte, que pour l'aban-
« donner tout entière; et l'agriculture
« est née, et l'art le plus utile a vu le
« jour.

« Cependant les besoins de l'espèce
« humaine augmentent avec les moyens
« de les satisfaire; les jouissances ani-
« ment la sensibilité, éveillent les dé-
« sirs et demandent des jouissances nou-

« velles. L'homme emploie l'eau et le feu
« à augmenter, par d'heureux mélanges
« que le hasard lui découvre ou que son
« intelligence lui indique, la bonté des
« alimens qu'il préfère. Parmi les végé-
« taux qu'il cultive, il en est qui lui
« présentent des filamens longs, souples
« et déliés, qu'il peut aisément débar-
« rasser d'une écorce grossière ; il en fait
« des tissus plus légers et des vêtemens
« plus commodes que les peaux dont il
« s'est couvert. Il a vu d'autres plantes ré-
« pandre leurs sucs, et colorer la feuille,
« la pierre, la terre : ces nuances lui ont
« plu ; elles ont charmé sa compagne :
« il sait bientôt les transporter sur les
« nouveaux tissus que son industrie a
« produits.

« Plus il goûte de jours heureux dans
« le séjour qu'il a créé, plus il veut abré-

« ger le temps de l'absence, lorsqu'il est
« contraint à s'en éloigner. Il veut sou-
« mettre à sa puissance, et s'attacher par
« ses bienfaits le sobre chameau et le
« cheval rapide : avec l'un il traversera
« les déserts les plus arides ; avec l'autre,
« il franchira les plus grandes distances.
« Ces deux conquêtes deviennent les
« fruits de son intelligence, de sa persé-
« vérance, et de l'union de ses efforts à
« ceux de l'animal sensible qui n'existe
« que pour lui.

« Dominateur absolu du chien dévoué
« et du coursier courageux ; maître de
« nombreux troupeaux ; créateur, en
« quelque sorte, de végétaux utiles ; pro-
« priétaire de la terre qu'il féconde ; dis-
« pensateur des forces terribles du feu ;
« sentant chaque jour son intelligence
« s'animer, son sentiment se vivifier,

« son empire s'étendre ; fier de son pou-
« voir, se complaisant dans ses ouvra-
« ges, enivré de ses jouissances, rempli
« de son bonheur, élevant vers le ciel
« son front majestueux, agitant avec vi-
« vacité ses membres pleins de vigueur ;
« cédant à la joie, à l'espérance, au
« transport qui l'entraîne, l'homme,
« maintenant, manifeste dans toute leur
« plénitude des mouvemens intérieurs
« qu'il ne peut plus contenir : il exhale,
« pour ainsi dire, le plaisir qui l'en-
« chante ; il s'élance, bondit, retombe,
« s'élance encore, retombe de nouveau.

« Pour prolonger cette vive expres-
« sion du délire fortuné auquel il s'aban-
« donne, pour que la fatigue en abrège
« le moins possible la durée, il met de
« l'ordre dans ses efforts, de la régularité
« dans les intervalles qui séparent ses

« pas, de la symétrie dans ses gestes, et,
« le contentement qu'il éprouve étant
« bientôt partagé dans toute son étendue
« par sa compagne et par ses fils, la
« première danse régulière a lieu sur la
« terre. Des paroles touchantes l'accom-
« pagnent; elles sont proférées avec l'ac-
« cent de la sensibilité. Des sons articu-
« lés ne suffisent plus à la situation qui
« inspire l'homme, ses fils et sa compa-
« gne; la voix est plus soutenue, élevée
« et rabaissée avec promptitude, portée
« au-delà de grands intervalles; les pa-
« roles et les tons successifs sont néces-
« sairement divisés par portions symé-
« triques, comme la danse à laquelle ils
« s'unissent : et le premier chant est en-
« tendu, et la poésie naît avec le chant.

« Dans des momens plus calmes, cette
« poésie enchanteresse exerce, sans le

« secours de la danse, son influence
« douce et durable. Fille alors de pas-
« sions plus profondes, de sensations
« plus composées, d'affections plus va-
« riées, elle empreint de sa nature l'air
« auquel elle s'allie; et cet air est déjà
« la véritable musique, à laquelle on
« devra tant de momens de paix, tant de
« peintures consolantes, tant de senti-
« mens généreux.

« L'homme a recours à ces deux sœurs
« magiques pour lier le bonheur du
« passé au bonheur du présent; pour
« raconter à ses fils attentifs les jouis-
« sances qu'il a éprouvées, les travaux
« qu'il a terminés, les courses qu'il a
« faites, les succès qu'il a obtenus, les
« inventions dont il s'est enrichi, les
« grands événemens dont il a été le té-
« moin : et l'histoire commence.

« Il veut de plus en plus perpétuer le
« souvenir de ces événemens, de ces in-
« ventions, de ces succès, de ces courses,
« de ces travaux, de ces jouissances : il
« prend la hache primitive et les autres
« instrumens qui lui ont été si utiles, il
« attaque le bois ou la pierre; il les taille
« en figures grossières, en images impar-
« faites des objets qui remplissent son
« esprit ou son cœur; il cherche à ajou-
« ter à ces monumens incomplets, en
« donnant à la pierre ou au bois la cou-
« leur des sujets de sa pensée ou de ses
« affections : et voilà la première écri-
« ture hiéroglyphique, qui donne nais-
« sance à la sculpture, à la peinture, à
« l'art admirable du dessin.

« De nouveaux plaisirs, de nouveaux
« besoins, de nouvelles idées, fruits né-
« cessaires des rapports nombreux que

« fait naître la multiplication toujours
« croissante de l'espèce humaine, à me-
« sure que ses qualités s'améliorent et
« que ses attributs augmentent ; des com-
« binaisons plus variées, des sensations
« plus vives ; une mémoire plus exercée,
« une imagination plus forte, une pré-
« voyance plus active ; une curiosité d'au-
« tant plus grande qu'elle est fille d'une
« intelligence plus étendue et d'une ins-
« truction plus diversifiée ; la réflexion,
« la méditation même, que produit le
« loisir amené par l'assurance d'une sub-
« sistance facile ; le désir d'échapper à
« l'ennui, cet ennemi secret et terrible
« qui agit pour la première fois et qu'é-
« veille un repos trop prolongé : toutes
« ces causes puissantes, et à chaque ins-
« tant renouvelées, portent l'attention
« de l'homme sur tous les objets qui l'en-

« vironnent, sur ceux même qui n'ont
« avec lui que des relations éloignées,
« et qui en sont séparés par de grandes
« distances. Il commence à vouloir tout
« connoître, tout évaluer, tout juger.
« Déjà il examine, compare les poids,
« rapproche les dimensions, estime la
« durée, distingue les productions na-
« turelles qui l'entourent, vivantes ou
« inanimées, sensibles comme lui, ou
« seulement organisées ; porte ses regards
« dans l'immensité des espaces célestes ;
« contemple les corps lumineux qui y
« resplendissent, observe la régularité
« et la correspondance de leurs mouve-
« mens ; fait de leurs révolutions la
« mesure du temps qui s'écoule ; cherche
« à deviner les vents, les pluies, les
« orages, les intempéries qui détruisent
« ou favorisent ses projets ; voit la fou-

« dre des airs, ou la flamme des volcans,
« fondre et faire couler en différentes
« formes les matières métalliques dont
« les propriétés peuvent l'aider dans ses
« arts ; imite ces redoutables mais utiles
« procédés, par de grands feux qu'il al-
« lume ; et, conduit par le hasard ou
« par l'instinct des animaux, trouve,
« dans les sucs de plantes salutaires, un
« remède plus ou moins assuré contre
« l'affoiblissement de ses forces, le dé-
« rangement de son organisation in-
« terne, l'alternative cruelle d'un froid
« rigoureux qui le pénètre, et d'une cha-
« leur intérieure qui le dévore, l'alté-
« ration dangereuse d'humeurs funestes
« qu'il recèle, les blessures qu'il reçoit,
« les plaies qui leur succèdent.

« Cependant des secousses inatten-
« dues agitent et ébranlent, pour ainsi

« dire, jusque dans ses fondemens, la
« terre sur laquelle il repose. Une force
« inconnue soulève l'Océan et l'étend
« jusqu'aux montagnes, dont les hauts
« sommets s'entr'ouvrent avec fracas, et
« vomissent des torrens enflammés ; des
« vents impétueux, des nuages amonce-
« lés, des foudres sans cesse renaissantes
« rendent plus violens encore les horri-
« bles combats du feu, de l'eau et de la
« terre. Le ravage, la destruction, la
« mort menacent l'homme de tous côtés ;
« ils l'investissent : la terreur le saisit.
« D'anciennes conjectures, d'anciennes
« affections se réveillent dans son ame ;
« l'espérance et la crainte présentent à
« son imagination l'image d'une puis-
« sance supérieure à l'épouvantable ca-
« tastrophe qui s'avance, pour ainsi
« dire, sur l'aile des vents. Il prie ; et

« lorsque le calme est rendu à la terre,
« lorsque les feux sont éteints, les gouf-
« fres refermés, les ondes retirées, les
« nuages dissipés, un souvenir mélan-
« colique lui reste ; il prie encore : tout
« son être a reçu une commotion pro-
« fonde. Une activité d'un nouveau
« genre, une prévoyance plus attentive,
« une prudence presque inquiète, don-
« nent une impulsion plus forte à ses
« pensées, à ses sentimens : il examine
« de plus près ses rapports avec ses sem-
« blables ; ce qu'il leur doit, ce qu'il se
« doit, son intérêt, le leur, se dévoilent
« de plus en plus à ses yeux. La morale
« règne dans son esprit, se grave dans
« son cœur ; la religion naturelle des-
« cend des cieux, et consacre les pré-
« ceptes de cette morale bienfaisante et
« tutélaire. Les premières idées de bien-

« veillance mutuelle, de secours présens,
« de ressources à venir, de communica-
« tions, d'échanges, de propriété, de
« sûreté, de garantie, d'ordre général,
« d'économie privée, d'administration
« publique, de gouvernement, se pré-
« sentent, se combinent, s'améliorent,
« s'épurent.

« L'écriture hiéroglyphique ne suffit
« plus à des rapports fréquens et variés ;
« des signes peu nombreux, et propres,
« par leurs diverses réunions, à noter
« avec promptitude et facilité tous les
« accens de la voix, toutes les expres-
« sions de la pensée, remplacent les
« hiéroglyphes.

« Quelle puissance que celle de l'es-
« pèce humaine, développant par sa
« propre force toutes les facultés qu'elle
« a reçues de la nature ! quelles victoires

« que les siennes ! Elle doit tout asservir.

« Dominateur, lorsqu'il réagit sur lui-
« même, de tous les sens, de l'imagina-
« tion, de la volonté ; conquérant, hors
« de lui, des terres, des pierres, des
« métaux, des plantes, des animaux,
« des mers, du feu, de l'air, de l'espace,
« du passé, de l'avenir : voilà l'homme.

« Ah ! pourquoi a-t-il abusé de son
« pouvoir auguste ? pourquoi ses pas-
« sions, qui ne devoient que hâter sa
« félicité, l'ont-elles condamné au mal-
« heur, en le dévouant à tous les tour-
« mens de l'envie ? Funestes rivalités
« des individus, vous avez produit les
« crimes ! funestes rivalités des nations,
« vous avez enfanté la guerre ! Quel
« tableau que celui des fléaux qu'elle en-
« traîne ! l'industrie détruite ; les champs
« ensanglantés ; la famine hideuse, en-

« gendrant la peste dévastatrice ! ....

« Détournons nos regards ; gémissons

« sur la dure nécessité qui réduit la vertu

« même à protéger ses droits : admirons

« les héros qui défendent leur patrie ;

« chérissons encore plus la sagesse qui

« donne la paix. »

Cette espèce humaine, dont nous avons tâché de donner un tableau rapide, est seule de son genre ; mais on remarque dans les individus qui la composent des conformations particulières et héréditaires, produit de causes générales et constantes, et qui constituent des races distinctes et permanentes. La nature de l'air, de la terre et des eaux ; celle du sol et des productions qu'il fait naître ; l'élévation du territoire au-dessus du niveau des mers ; le nombre, la hauteur et la disposition des montagnes ; la régularité ou les variations de la température; l'intensité et la durée du froid ou de la chaleur, sont ces causes puissantes et durables qui ont créé, pour ainsi dire, les grandes races dont se compose l'espèce humaine. On en compte plusieurs; mais trois se distinguent par des caractères beaucoup plus faciles à saisir : ces trois sont l'arabe européenne ou la caucasique, la mongole, et la nègre ou l'éthiopique.

C'est sur de hautes montagnes ou de grands plateaux élevés, qu'il faut chercher l'origine ou les plus anciens établissemens de ces trois races principales; et nous en verrons les raisons dans l'ouvrage que je me propose de publier bientôt, et qui sera intitulé *Des âges de la nature, et Histoire de l'espèce humaine.* C'est sur les grandes élévations voisines des rives occidentales de la mer Caspienne, et dont le Caucase fait partie, qu'a été placé l'un des premiers asiles de la race arabe européenne; les monts Altaï ont dû être la première habitation de la race mongole; et c'est du haut des grandes montagnes africaines dont nous indiquerons la position dans les *Ages de la nature*, qu'est descendue, à diverses époques, la race éthiopique.

Dans la race européenne ou caucasique le visage est ovale; le nez proéminent; l'angle nommé facial, et qui, mesurant par son ouverture le rapport de la saillie du front et de la grandeur du crâne avec celles des mâchoires, semble marquer le degré de supériorité de l'intelligence sur les appétits grossiers, est de quatre-vingt-dix degrés: il se rapproche le plus de celui que les plus habiles sculpteurs de l'antiquité ont donné à la beauté parfaite et aux images de la majesté divine.

La race mongole présente un visage plat, un nez petit, un angle facial moins ouvert que celui de la race caucasique; des pommettes saillantes, des yeux étroits et placés obliquement : et, enfin, les caractères distinctifs de la race éthiopique sont un crâne opprimé, un nez écrasé, un angle facial plus petit encore que celui des Mongols, des mâchoires très-saillantes et des lèvres très-grosses.

Vers le midi du Caucase s'est répandue une grande variété de la première race. L'on doit comprendre dans cette grande variété les Assyriens, les Chaldéens, les Arabes, les Phéniciens, les Juifs, les Abyssiniens, une grande partie des anciens Égyptiens, et les habitans de l'Afrique septentrionale.

Quatre autres variétés appartiennent à la race caucasique : celles des Indiens, des Scythes, des Celtes et des Pélasges.

Il faut rapporter les anciens Perses à celle des Indiens.

Celle des Scythes, établie au nord et à l'est de la mer Caspienne, vagabonde, à plusieurs époques, dans les steppes et les immenses plaines du centre, du nord, et même du nord-est de l'Asie, comprend une grande partie des Tartares, des Turcs, et peut-être les Finlandois et les Hongrois. Les anciens Parthes en étoient un rameau.

Les Celtes se sont divisés en Germains ou Tudesques, en Esclavons, et en habitans primitifs de la grande et petite Hespérie, des Gaules et des îles britanniques.

Des Germains sont dérivés les Scandi-
naves, les Allemands, les Goths orientaux ou occidentaux ; et des Esclavons
sont venus une grande partie des Russes,
des Polonois, des Bohémiens et des
Vendes.

Les Grecs et les nouveaux habitans de
l'Italie sont issus des Pélasges.

Et voilà pourquoi on a trouvé tant de
rapports remarquables entre le sanscrit,
langue-mère de celles de l'Indostan ; le
tudesque, origine de l'allemand, du hol-
landois, de l'anglois, du danois et du
suédois ; l'esclavon, d'où dérivent le
russe, le polonois et le bohémien ; et
l'ancienne langue pélasgique, qui a produit le grec, le latin, le françois, l'es-
pagnol et l'italien.

Vers le nord, le nord-est et l'orient
de l'Asie est la race mongole.

Dans cette race asiatique nous voyons les Tartares, proprement dits Mongols, les Kalmouks, les Kalkas, les Éleuths, les Mantchoux, et plusieurs autres peuples réunis en hordes errantes, vivant sous des tentes, parcourant à cheval de vastes contrées; traînant dans leurs chariots leurs vieillards, leurs femmes, leurs enfans, tout ce qui leur appartient; courageux, entreprenans, audacieux, redoutables par les invasions que leur genre de vie rend si fréquentes et si soudaines; dévastateurs terribles sous les Gengis et sous les Tamerlan; conquérans de grands empires, et particulièrement de la Chine, où les Mantchoux règnent encore.

A la même race que ces Tartares appartiennent les habitans de l'Inde située à l'orient du Gange, les Thibétains, les peuples du Napoul, ceux du royaume

d'Ava ou des contrées voisines, les Pé-
guans, les Siamois, les Cochinchinois,
les Tonquinois, les Japonois, les Co-
réens, et la nation chinoise, l'une des
plus anciennement civilisées du globe.

La race nègre comprend deux grandes
variétés, les Cafres et les Nègres proprement dits.

Ces derniers, auxquels appartiennent
essentiellement les principaux caractères
de leur race, vivent sur la côte occidentale de l'Afrique, depuis les environs du
cap de Bonne-Espérance jusqu'au-delà
de l'embouchure du Sénégal et aux îles
du cap Vert: ils sont répandus, vers l'intérieur, le long des plaines qu'arrosent
le Niger et les grands fleuves africains
qui se jettent dans l'océan atlantique,
tels que le Sénégal, la Gambie et le Zaïre.
Cette variété comprend les Jaloffes, les

Foules ou Foulis , et les autres peuples des pays voisins du Sénégal , de Sierra-Léone , de Maniguette , de la Côte-d'Or , d'Andra , du Bénin , du Majombo , des Mardingues , du Loango , du Congo , d'Angola , de Benguela et de plusieurs autres contrées.

Les Cafres , qui composent l'autre variété de la race nègre , paroissent plus forts que les Nègres proprement dits : leurs traits sont moins différens de ceux de la race caucasique : leurs mâchoires sont moins avancées ; leur teint est moins noir , leur peau moins luisante , et leur sueur ne répand pas , dit-on , cette odeur particulière que donne la sueur des Nègres de l'Afrique occidentale. Plus robustes , plus forts que ces Nègres occidentaux , ils sont plus guerriers ; ils forment des états plus considérables , comme ceux

du Monomotapa, du Monoëmugi, de
Macoco, et peut-être celui de Tombuctu.
Plusieurs de ces Cafres, cependant, sont
divisés en tribus nomades, voyagent en
caravanes, ont des troupeaux nombreux,
vivent de la chair de ces troupeaux ou
du lait qu'ils en retirent, les conduisent
dans les pâturages les mieux arrosés et
les moins brûlés par une chaleur ardente,
manient et lancent avec courage et avec
habileté leurs zagayes, et habitent sous
des huttes qu'ils construisent, démontent
et transportent avec autant de promptitude que de dextérité.

On trouve les Cafres, cette première
variété de la race nègre, depuis la rivière de Maynice ou du Saint-Esprit, jusqu'au détroit de Babel-Mandel, à l'entrée
de la mer Rouge ou arabique; et il paroît
qu'elle est aussi répandue sur la côte

occidentale de la grande île de Madagascar.

Ces Cafres ou Africains orientaux sont
séparés des Nègres proprement dits ou
Africains occidentaux, par cette longue
et large chaîne de montagnes qui doit
représenter, dans l'Afrique équinoxiale,
les Cordillères de l'Amérique du midi.
Nous nous sommes occupés de ces montagnes, que les Européens n'ont pas encore visitées, dans plusieurs de nos cours
publics et de nos ouvrages ; nous avons
souvent publié le vœu de les voir parcourir par des voyageurs éclairés ; et
nous regardons leur exploration comme
devant être d'autant plus utile aux progrès des connoissances humaines, qu'elles
doivent être, ainsi que les Cordillères,
d'une très-grande hauteur, pour pouvoir
fournir, malgré leur voisinage de l'équa-

17

teur, les eaux abondantes qui, s'échap-
pant de leurs flancs, et coulant au travers
de vastes contrées de la zone torride ou
de pays très-rapprochés de cette zone,
se rendent en fleuves larges et nombreux,
soit dans l'océan atlantique, soit dans le
grand océan.

Indépendamment des trois races principales dont nous venons de parler, on
trouve encore, dans l'ancien continent,
les Malais, les Papous, les Hottentots et
les Lapons.

C'est vers le midi de la grande pénin-
sule asiatique, située à l'orient du Gange,
que les Malais sont répandus. Ils habitent l'intérieur et les rivages orientaux
de Madagascar, les Maldives, Ceilan,
Sumatra, Java, Bornéo; la presqu'île de
Malaca, d'où on a tiré leur nom; les
Moluques, les Philippines, les Célèbes;

presque tout l'archipel indien , la Nou-
velle-Zélande , Otaïti, les autres îles de
la mer du Sud , les îles Sandwich , les
Marquises. On les trouve sur toutes les
côtes des îles du grand océan , depuis
l'orient de l'Afrique jusqu'à l'occident
du nouveau monde. Presque toujours
montés sur leurs légères pirogues , ils
passent sur la mer la plus grande partie
de leur vie : on les rencontre dans tous
les parages du grand océan ; actifs , audacieux , intelligens , ils sont les courtiers
de presque tout le commerce de l'Inde.
Presque toujours nus , à cause de la chaleur du climat qu'ils habitent , ils impriment sur leur peau des dessins de
différentes couleurs. Leurs armes sont
souvent empoisonnées : on les accuse
d'être perfides, implacables, cruels, an-
thropophages même, dans leurs guerres ;

et l'on dit que leur langue, composée de beaucoup de voyelles, est une des plus douces de l'univers.

La température des mers et des pays qu'ils parcourent leur donne une couleur brune très-foncée ; leurs cheveux, quoique assez longs, sont épais, crépus et noirs comme ceux des Nègres. Mais voici les traits distinctifs de cette race, bien autrement importans, profonds et durables que la nature des tégumens, et d'après lesquels on peut voir que les Malais tiennent pour ainsi dire le milieu entre les Mongols et les Nègres : ils ont le front abaissé, mais arrondi ; les pommettes peu saillantes, le nez large et épais, les narines écartées, la bouche grande ; les mâchoires plus avancées que celles des Mongols, mais moins que celles des Nègres ; et leur angle facial est le plus

souvent de quatre-vingt à quatre-vingt-
cinq degrés.

Auprès de ces Malais vivent les Papous,
les représentans asiatiques des Nègres et
des Cafres de l'Afrique ; mais bien plus
éloignés encore, par leur conformation
et par leur état presque sauvage, de la
race arabe européenne. Ils habitent la
Nouvelle-Guinée. On a voulu leur rapporter les indigènes de la Nouvelle-Hol-
lande et de la Nouvelle-Calédonie. Nous
n'avons pas encore des renseignemens
assez précis, assez nombreux, assez comparés, pour pouvoir tracer les caractères
généraux et constans de ces Papous, les
moins favorisés des hommes par la nature.
On a écrit, cependant, qu'ils avoient un
visage triangulaire, un front extrême-
ment aplati ; les yeux très-écartés, faciles
à éblouir et presque toujours à demi

fermés ; les pommettes plus saillantes,
les lèvres plus grosses, et les mâchoires
encore plus avancées que celles des Nègres
et des Cafres ; un angle facial réduit à
soixante-quinze degrés ; la peau d'un brun
noir, et les cheveux semblables à de la
bourre. On les a regardés comme les
moins intelligens, les plus paresseux, les
plus lents et les plus insoucians de tous
les hommes.

Quelques naturalistes ont cru devoir
assimiler à cette race celle des Hottentots, qui vit à l'extrémité méridionale de
l'Afrique, comme celle des Papous à l'extrémité du midi de l'Asie. On trouve ces
Hottentots depuis les environs du cap
Négro jusqu'à ceux du cap de Bonne-
Espérance ; et en remontant ensuite vers
le nord, on les voit encore jusques auprès
des confins de Monomotapa. On compte

parmi eux différentes peuplades que l'on a distinguées par des noms particuliers, et dont les habitudes se ressemblent peu. Les unes vivent des produits de leurs troupeaux : les autres, encore plus rapprochées de l'état sauvage, habitent au milieu des montagnes et des bois, s'y retirent dans des cavernes, sont presque toujours nues, ont un langage dont la pauvreté indique le petit nombre de leurs idées, se nourrissent souvent des racines qu'elles déterrent, et, comme des bêtes fauves, ne sortent de leurs tanières et de leurs forêts que pour se jeter sur une proie.

A une grande distance de ces Hottentots, vers le nord de l'ancien monde, auprès du cercle polaire, dans ces contrées septentrionales où la nature, foible, languissante, comprimée, pour ainsi dire, par l'excès du froid, est en quelque sorte rapetissée dans toutes ses dimensions, on rencontre les Lapons, les Samoïèdes, les Ostiaques, les Kamtschatdales, dont la tête est très-grosse, la saillie des pommettes très-grande, le front très-plat, le corps trapu, et la taille si courte qu'elle ne surpasse guère les quatre cinquièmes de la hauteur d'un homme ordinaire de la race caucasique. Leurs yeux sont écartés l'un de l'autre ; leur bouche, très-large, laisse voir, en s'ouvrant, des dents séparées l'une de l'autre par des intervalles ; leur voix est grêle et criarde. Plusieurs petits peuples de cette race vivent, pendant l'été, sous des huttes ou des espèces de tentes, et, pendant l'hiver, dans des *iourtes* qu'ils creusent dans la terre. Entourés de grands troupeaux de rennes, ils se nourrissent de leur lait et de leur chair : d'autres trouvent leur aliment ordinaire dans les produits d'une pêche plus ou moins abondante, dans les poissons, qu'ils mangent souvent sans les faire cuire, et qu'ils enterrent dans de grandes fosses, pour les conserver pendant l'hiver, où l'intensité du froid, la rigidité des glaces et la longueur des nuits les empêchent de pêcher. Couvrant leurs yeux avec une petite planche assez fendue pour leur permettre de distinguer leur route, et qui, cependant, les garantit de l'éclat éblouissant de la lumière réfléchie par les glaces et les neiges durcies, ils marchent sur ces neiges et ces glaces à l'aide de grandes raquettes dont ils garnissent leurs pieds, ou glissent avec rapidité sur les surfaces gelées, dans des traîneaux qu'entraînent les rennes nées sous leurs toits grossiers et accoutumées à se laisser diriger malgré la vélocité de leur course.

Les Kamtschatdales attèlent à leurs traîneaux plusieurs couples de chiens de race sibérienne, auxquels ils abandonnent une partie des poissons dont ils se nourrissent eux-mêmes. Les Ostiaques aiment beaucoup la graisse que leur fournissent les ours, qu'ils chassent avec courage et avec habileté.

Si, continuant de parcourir les environs du cercle polaire, nous passons de l'ancien monde dans le nord du nouveau continent, nous trouvons, à l'extrémité septentrionale de l'Amérique, cette race des Lapons, des Samoïèdes, des Ostiaques et des Kamtschatdales continuant de se montrer sous le nom d'Esquimaux et de Groenlandois; et nous ne devons pas être étonnés de cette identité de race entre

des peuplades si accoutumées à braver
les froids les plus rigoureux, à conserver
pour l'hiver des produits de leurs pêches
d'été, à voyager sur les neiges et les
glaces, à voguer au milieu des mers les
plus froides et les plus agitées, à traver-
ser, comme les Esquimaux, de grands
intervalles, et à se transporter d'un pa-
rage dans un autre sur des canots recou-
verts d'une peau rattachée autour du
corps du navigateur, dans lesquels l'eau
de la mer ne peut pénétrer, et qui, véritablement insubmergibles, jouent, pour
ainsi dire, avec les vagues les plus fu-
rieuses. D'ailleurs, les mêmes causes naturelles, agissant avec la même intensité
et pendant des temps égaux, ne doivent-
elles pas produire des effets semblables?

Continuons cependant de porter nos
regards sur le nouveau monde.

Un grand nombre de peuplades ha-
bitoient les forêts et les bords des lacs
immenses de l'Amérique septentrionale,
lorsque les Européens y ont abordé dans
le 15.e siècle. Leurs manières de vivre éloi-
gnoient peu la plupart de ces peuplades
de l'état à demi sauvage : leurs habitudes se ressembloient beaucoup ; mais
leurs divers langages avoient peu de
rapports les uns avec les autres. Quoi-
qu'elles fussent, en général, peu avancées dans la civilisation, quelques-unes
paroissoient avoir rétrogradé vers l'état
de nature. On auroit pu découvrir des
restes de monumens élevés par des arts
oubliés ; on auroit pu remarquer des
traces de migrations commandées par la
hache victorieuse d'un peuple plus puissant, ou par le besoin de chercher un
site plus heureux et des subsistances plus

assurées. Une nation plus nombreuse et plus civilisée conservoit, dans le Mexique, la tradition de peuples dominateurs que de nouveaux conquérans avoient soumis ou dispersés dans des contrées lointaines.

Nous pensons que presque tous ces peuples tiroient leur origine du nord-est de l'Asie, avec lequel les communications par mer ont été d'autant plus faciles, à toutes les époques, que des îles nombreuses sont disposées de manière à rendre les trajets très-courts et à procurer des stations tutélaires. Les bornes de cet article ne nous permettent pas d'exposer les motifs qui nous ont déterminés à adopter cette opinion ; ils seront développés dans les *Ages de la nature*, et nous tâcherons de montrer, dans cet ouvrage, quelles lumières ont

répandues sur ce sujet important les
travaux des Jefferson, des Barton, des
Mitchel et de plusieurs autres savans des
États-Unis.

Mais nous ne pouvons nous empêcher
de nous occuper un moment d'observations bien remarquables faites dans
l'Amérique du nord par M. Owen Williams, des environs de Baltimore, pu-
bliées dans les États-Unis, rapportées
dans la quatrième livraison de la Revue
encyclopédique françoise, et d'après lesquelles on devroit croire qu'à une époque plus ou moins reculée, et bien antérieure aux voyages d'Améric Vespuce
et de Christophe Colomb, des Bretons,
des habitans du pays de Galles ont cherché un asile sur l'océan atlantique contre la domination des Saxons ; qu'ils ont
osé se hasarder sur une mer qui leur

étoit bien connue, dans des barques qu'ils savoient si bien diriger au milieu des vagues agitées ; qu'ils auront chargé leurs embarcations de la plus grande quantité de produits de leurs pêches ou d'autres substances nutritives salées ou fumées qu'ils auront pu y entasser, et que les tempêtes, les courans, ou d'autres causes plus ou moins fortuites, les auront poussés vers les rivages du nouveau monde les moins éloignés de la Grande-Bretagne.

Voici ce que dit, dans une lettre du 11 Février 1819, M. Owen Williams, des Indiens qu'il nomme *Gallois*, et qu'il a observés.

« Les Indiens gallois sont aussi peu
« connus des habitans du continent de
« l'ouest que le peuple gallois l'est du
« monde européen. En 1817 je visitai

« leur établissement sur la *Madwga*.
« Ils forment deux tribus, celle des In-
« diens *brydones*, et celle des Indiens
« *chadogée*; ils ont leurs établissemens
« sur deux promontoires appelés *Ker-*
« *nau*, et situés vers le quarantième
« degré de latitude septentrionale et le
« quatre-vingtième degré de longitude
« occidentale. Ces Indiens sont, en gé-
« néral, grands et forts ; ils ont un beau
« teint, des manières aimables : ils con-
« noissent l'usage des lettres , et possè-
« dent nombre de manuscrits touchant
« leurs ancètres, habitans d'une île qu'ils
« nomment *Brydon*. Leur langage est le
« gallois, qu'ils parlent avec plus de pu-
« reté qu'on ne fait dans la principauté
« de Galles , attendu qu'il est exempt
« d'anglicismes. Leur religion est le chris-
« tianisme , fortement mélangé de drui-

« disme ; ils font de la musique et de
« la versification l'objet de leurs amuse-
« mens favoris. Anciennement ils étoient
« établis à Lechin, aujourd'hui Lexing-
« ton, et autres lieux situés sur les côtes
« orientales ; mais, le pays ayant été suc-
« cessivement envahi par des étrangers
« venus de l'ancien monde, ils se sont
« retirés dans l'intérieur, jusqu'à l'en-
« droit où ils sont maintenant établis. »

Pendant que le grand plateau du
Mexique étoit le théâtre sur lequel s'a-
vançoit vers son perfectionnement la nation la plus éloignée de l'état sauvage
parmi toutes celles que nourrissoit l'Amérique septentrionale, la grande chaîne
des Cordillères avoit pu être le principal
asile d'une autre nation déjà avancée dans
la civilisation, comme la mexicaine, et
qui, dans divers temps, auroit envoyé

18

des colonies, étendu sa domination, ou
repoussé des peuplades vaincues vers les
contrées moins élevées de l'Amérique
du Sud, vers ces vastes pays arrosés par
des fleuves immenses ; vers les bords de
l'Orénoque, de la rivière des Amazones,
du Paraguay et de plusieurs autres fleuves
moins considérables, et cependant si remarquables par l'abondance de leurs eaux
et la longueur de leur cours.

Nous exposerons, dans les *Ages de la
nature,* comment la race malaie a pu
parvenir, par cette longue suite d'archi-
pels qui s'élèvent dans la zone torride
du grand océan et qu'elle a peuplés, jusques aux rivages occidentaux de l'Amérique méridionale, et y donner naissance,
par plusieurs migrations successives, aux
diverses peuplades et aux nations plus
civilisées que les Européens ont trouvées

dans cette Amérique du sud, et qui, de même que les peuples du nord de l'Amérique sortis du nord-est de l'Asie, ont subi toute l'influence de climats très-différens, et l'action de toutes les circonstances qui peuvent favoriser ou retarder le développement des facultés humaines.

Quelles différences ne voit-on pas, en effet, entre ces belles et fortunées vallées que l'on rencontre au milieu des Andes gigantesques, dont les sommets, entr'ouverts par la violence des volcans, ont vomi tant de courans de laves au milieu de glaciers et de neiges durcies que tout le feu de la torride ne peut fondre à cause de leur grande élévation, et ces plaines marécageuses que couvrent des forêts aquatiques et sans bornes, où des flots précipités tombent des hautes cascades de fleuves larges et rapides, où les tiges d'arbres innombrables et quelques masses de roches répandues sur une terre fangeuse indiquent seules que le pays que l'on découvre appartient encore au continent, et où l'homme n'habite que dans des canots ou dans des huttes suspendues aux branches des arbres, au-dessus de savanes noyées !

Nous remarquerons une partie de ces grands effets que les climats peuvent produire sur l'espèce humaine, si nous considérons de nouveau, sous un point de vue général, toutes les races de l'espèce humaine, et particulièrement les trois races principales, la caucasique ou arabe européenne, la mongole et l'éthiopique.

« Selon qu'elles habitent sur des mon-
« tagnes ou dans des plaines, avons-nous
« dit, page 193 du huitième volume des

« Séances des écoles normales, près de
« vastes forêts ou sur le bord des mers,
« dans la zone torride ou dans le voi-
« sinage des zones glaciales; qu'elles sont
« soumises à une chaleur excessive ou
« à une douce température, à la séche-
« resse ou à l'humidité, aux vents violens
« ou aux pluies abondantes, et qu'elles
« reçoivent l'action de ces différentes
« forces plus ou moins combinées, elles
« peuvent offrir, et présentent, en effet,
« de grandes différences dans leur exté-
« rieur, et forment, par la nature et la
« couleur de leurs tégumens, des sous-
« variétés très-remarquables. Le tissu
« muqueux ou réticulaire qui règne en-
« tre l'épiderme et la peau proprement
« dite, s'organise ou s'altère de manière
« à changer la couleur générale des in-
« dividus, la nature, la longueur et la

« nuance des cheveux et des poils. Cette
« couleur générale est le plus souvent
« blanche dans les pays tempérés et pres-
« que froids : les cheveux y sont blonds,
« très-longs et très-fins. Le blanc se
« change en basané, en brun, en jau-
« nâtre, en olivâtre, en rouge-brun as-
« sez semblable à la couleur du cuivre,
« et même en noir très-foncé, à mesure
« que la chaleur, la sécheresse ou d'au-
« tres causes analogues augmentent : la
« longueur des cheveux diminue en
« même temps ; leur finesse disparoît,
« leur nature change ; ils deviennent
« laineux ou cotoneux. »

Les différentes races de l'espèce humaine sont sujettes à d'autres altérations
produites par l'influence du climat, plus
profondes, mais moins constantes, et qui,
ne passant pas toujours du père ou de la

mère aux enfans, ne forment pas des variétés ou sous-variétés proprement dites,
et ne doivent être considérées que comme
des modifications individuelles.

Tels sont, par exemple, les goîtres et
le *crétinisme*, ou maladie des *crétins*.
On a attribué la dégénération de ces crétins à l'effet d'une humidité excessive et
d'une grande stagnation dans l'air de
l'atmosphère, réunies à d'autres circonstances du climat.

Ces crétins, ces êtres si maltraités par
la nature, sont disgraciés dans leurs facultés morales comme dans leurs facultés
physiques. Tous leurs organes sont dans
le relâchement; ils sont pâles et jaunâ-
tres; leur peau est mollasse, leur figure
triste, leur regard hébété; les glandes de
leur cou, prodigieusement engorgées,
pendent en larges goîtres; ne relevant

leurs bras et ne remuant leurs jambes qu'avec effort, ils passent leur vie assis ou couchés. A peine parlent-ils ; et quelles idées chercheroient-ils à exprimer? Leur cerveau, peu développé, est comme affaissé, et leur intelligence en quelque sorte au-dessous de celle d'une brute stupide. Il faut les soigner, les nourrir, les habiller, comme de foibles enfans ou des vieillards débiles. Heureusement pour ces êtres si imparfaits et qui sont à la merci de tous ceux qui les entourent, une opinion, que l'humanité doit conserver avec soin, les fait considérer, dans quelques contrées, comme des hommes chéris du ciel, dont on suit particulièrement la volonté en protégeant et en soulageant ces malheureux.

On trouve ces crétins non-seulement dans les gorges du Valais, où on les a beaucoup observés, mais dans celles des plus hautes chaînes de montagnes, des Pyrénées, des Alpes, des monts Carpathes, du Caucase, de l'Oural, du Thibet, de Sumatra, des Andes et des Cordillères américaines.

Un autre grande dégénération de l'espèce humaine produit quelques-uns des effets que nous venons de décrire : elle consiste particulièrement dans l'altération de la couleur de la peau et des poils qui y sont enracinés. Nous avons vu que, dans toutes les races humaines, la couleur et la nature de la peau, ainsi que celles des cheveux ou des poils qui la garnissent, dépendoient de ce tissu réticulaire que l'on trouve au-dessous de l'épiderme et au-dessus de la peau proprement dite, et qui est plus ou moins blanc dans la race caucasique, olivâtre dans la mon-

gole, et noir dans l'éthiopique. Une altération particulière dans ce réseau, ou
l'absence de cet organe, est le symptôme
d'une dégénération particulière , que
l'homme peut présenter à quelque race
qu'il appartienne, et dont on peut voir
des caractères plus ou moins nombreux
et plus ou moins prononcés dans tous les
corps organisés, dans les plantes comme
dans les animaux, dans les végétaux *pa-
nachés,* comme dans les mammifères et
et les oiseaux, notamment dans les singes,
les écureuils, les martes, les taupes, les
souris, les cochons d'Inde, les chèvres,
les vaches, les chevaux, les sangliers, les
éléphans, les perroquets, les corbeaux,
les merles, les moineaux, les serins, les
poules, les perdrix et les paons, parmi
lesquels on trouve des individus dont la
couleur est blanche , la vue délicate et

le tempérament très-foible. Les hommes
dans lesquels on remarque cette grande
altération, sont nommés *blafards* en Europe ; *bedos, chacrelas* ou *kakerlacs,*
dans les Indes ; *dondos, albinos, nègres
blancs,* en Afrique, et *dariens* en Amérique. Leur couleur est en totalité ou en
partie blanche ; leur peau molle, lâche
et ridée ; leurs cheveux et leurs poils sont
blancs et soyeux ; leurs yeux, dont l'iris
est rouge, ne peuvent supporter la lumière du jour, et ne voient un peu distinctement que pendant le crépuscule ;
leur corps est sans vigueur ; leur esprit
est sans force : à peine peuvent-ils traî-
ner leur vie languissante.

La terre nous montre donc partout la
puissance du sol, des eaux, de l'air et
de la température, sur l'organisation et
les facultés de l'espèce humaine : nous

voyons les climats retarder ou accélérer
avec plus ou moins de force la marche de
l'état social vers son perfectionnement.
Mais, si les froides contrées du nord de
l'Europe, de l'Asie et de l'Amérique,
si les forêts épaisses et les bords des
lacs ou mers intérieures de l'Amérique
boréale ne montrent encore que des
peuplades de chasseurs ou de pêcheurs ;
si les immenses plaines de l'Asie et de
l'Afrique, salées et assez arrosées pour
se couvrir de végétaux, nourrissent des
hordes plus ou moins errantes de pas-
teurs entourés de nombreux troupeaux ;
si les pays où une douce température,
un heureux mélange de jours sereins et
de pluies fécondantes, un terrain fertile,
une distribution favorable de fleuves, de
rivières, de ruisseaux et de fontaines, font
croître avec abondance les arbres et les

plantes les plus utiles à la nourriture et
aux arts de l'espèce humaine, sont les
théâtres privilégiés sur lesquels l'agriculture, la propriété, l'étude, la science et
l'industrie ont hâté le plus les progrès
de la civilisation, quel pouvoir n'exerce
pas aussi sur les climats l'homme civilisé ! La terre, les eaux, les êtres organisés obéissent à sa volonté ; il les maîtrise par son génie et par ses arts : et
quel empire il s'est donné particulièrement sur les animaux !

« A mesure que l'espèce humaine s'est
« répandue sur le globe [1], non-seule-
« ment elle a diminué l'étendue sur la-
« quelle s'étoient retirés les animaux
« encore libres ; mais toutes leurs facul-
« tés ont été, pour ainsi dire, compri-

[1] Voyez les pages 269, 270, 271 et 272 du 8.ᵉ vol.
des Séances des écoles normales,

« mées par le défaut d'espace, de sûreté
« et de nourriture. Leur instinct, affoi-
« bli par la crainte, n'a produit le plus
« souvent que la ruse, la fuite ou une
« défense désespérée. Leurs arts ont pres-
« que partout disparu devant le grand
« art de l'homme, et leurs associations
« ont été dispersées à l'approche de la
« société humaine, qui n'a pas souffert
« de rivale. Son génie a dompté tous
« ceux dont il a cru tirer quelque ser-
« vice. Il avoit asservi le chien par l'af-
« fection, le cheval par le chien, les
« autres animaux par le chien, le che-
« val, ses armes ou ses piéges : il a
« modifié ceux qu'il a approchés de lui,
« altéré leurs goûts, changé leurs appé-
« tits, modifié leur nature; il les a do-
« minés au point de n'avoir plus besoin
« d'autre chaîne que celle de l'habitude

« pour les retenir auprès de sa demeure.
« Il les a faits ses esclaves, et après s'être
« emparé de leur force, de leur adresse
« ou de leur agilité, il a donné à l'agri-
« culture le bœuf ; au commerce, l'âne
« si patient, et le chameau, ce vaisseau
« vivant des immenses mers de sable ; à
« la guerre, l'éléphant ; à la chasse, le
« faucon ; à l'agriculture, au commerce,
« à la guerre, à la chasse, le cheval gé-
« néreux et le chien fidèle ; à ses goûts,
« le lièvre, le cabiai, le cochon, le che-
« vreuil, le pigeon, le coq des contrées
« orientales, le faisan de l'antique Col-
« chide, la peintade de l'Afrique, le
« dindon de l'Amérique, les canards des
« deux mondes, les perdrix, les cailles
« voyageuses, les tinamous, les hoccos,
« les pénélopes, les gouans, l'agami, les
« tortues, les poissons ; à la médecine,

« le bouquetin, la grenouille, la vipère;

« aux arts, les fourrures des martes, les

« dépouilles du lion, du tigre et de la

« panthère, les poils du castor, celui de

« la vigogne, que nos Alpes et nos Py-

« rénées nourriroient avec tant de faci-

« lité, celui des diverses chèvres, la laine

« des brebis, l'ivoire de l'éléphant, de

« l'hippopotame, du morse; les défenses

« du narwal, l'huile des phoques, des

« lamantins, des cétacés, le blanc des

« cachalots, les fanons des baleines, la

« substance odorante que filtre l'organe

« particulier du musc et des civettes, le

« duvet de l'eider, la plume de l'oie,

« l'aigrette des hérons, les pennes frisées

« de l'autruche, les écailles du caret et

« jusqu'à celles de l'argentine.

« Il ne s'est pas contenté d'user et

« d'abuser ainsi de tous les produits de

« tant d'espèces qu'il a rendues domes-
« tiques ou sujettes ; il les a forcées à
« contracter des alliances que la nature
« n'avoit point ordonnées : il a mêlé
« celles du cheval et de l'âne ; il en a
« eu, pour les transports difficiles, le
« mulet et le bardeau. Il a augmenté,
« diminué, modifié, combiné les formes
« et les couleurs de tous les animaux
« sur lesquels il a voulu exercer le plus
« d'empire. S'il n'a pu arracher à la na-
« ture le secret de créer des espèces, il
« a produit des races. Par la distribu-
« tion de la nourriture, l'arrangement
« de l'asile, le choix des mâles et des
« femelles auxquels il a permis d'obéir
« au vœu de la puissance créatrice et
« conservatrice, et surtout par la cons-
« tance, cet emploi magique de la force
« irrésistible du temps, il a fait naître

19

« trente-cinq variétés principales et du-
« rables dans l'espèce du chien; plusieurs
« dans celles de la brebis, du bœuf, de
« la chèvre, du hocco ; treize dans celle
« du coq ; vingt dans celle du pigeon.
« Qui ne connoît pas, d'ailleurs, les dif-
« férentes races par le moyen desquelles
« le cheval arabe s'est diversifié sous la
« main de l'homme, depuis les climats
« très-chauds de l'Afrique et de l'Asie
« jusque dans le Danemarck et les au-
« tres contrées septentrionales ? Et, en-
« fin, lorsque l'homme n'a pu soumettre
« qu'imparfaitement les animaux, n'a-t-
« il pas su encore employer l'aliment
« qu'il a donné, la retraite qu'il a of-
« ferte, ou la sûreté qu'il a garantie,
« à se délivrer des rats par le chat et
« le hérisson; de reptiles dangereux, par
« les ibis et les cigognes ; d'insectes dé-

« vastateurs, par les coucous et les gra-
« cules; de cadavres infects et de vapeurs
« pestilentielles, par les hyènes, les cha-
« cals et les vautours ? »

Une des grandes causes des progrès de
cette civilisation, qui a donné à l'homme
un si grand empire, a été ce besoin de
penser, de réfléchir, de méditer, qu'ont
dû éprouver ceux qui ont joui d'un sort
paisible et de beaucoup de loisir. Plus
frappés des divers phénomènes qui les
ont environnés que les autres hommes,
et ne pouvant résister au désir d'en découvrir les causes, ils ont examiné avec
soin et comparé avec assiduité les objets
de leur attention, et, de comparaison en
comparaison, ils se sont élevés à ces idées
générales qui deviennent si fécondes lorsqu'on les rapproche les unes des autres,
que l'on distingue tous leurs rapports,

que l'on en tire toutes les conséquences.
Mais, lorsque ces heureux loisirs ont
appartenu exclusivement à des castes iso-
lées, à des corps de lettrés, à des colléges
de prêtres, à des réunions d'initiés ; que
ces associations privilégiées se sont réser-
vé la connoissance et l'usage des foyers
de lumière qu'elles entretenoient et des
trésors de science qu'elles recueilloient
dans leurs sanctuaires ou derrière les
voiles impénétrables qu'elles avoient tissus, et qu'elles n'ont communiqué aux
autres hommes qu'un petit nombre de
résultats réels qu'il leur importoit de di-
vulguer et les erreurs ou absurdités qui
pouvoient convenir à leurs intérêts particuliers, combien la civilisation a été
retardée dans sa marche !

Et quels funestes obstacles n'a pas ren-
contrés le perfectionnement de l'espèce

humaine, lorsque, à ces causes si favorables à l'ignorance et à toutes les misères humaines, se sont jointes les invasions des nations à demi sauvages, les
conquêtes plus fatales encore des peuples
entraînés par un aveugle et terrible fanatisme, la destruction des monumens
des arts, et l'incendie des recueils les plus
précieux de la science !

Malgré tant d'époques déplorables où
la civilisation a été retardée dans ses progrès, arrêtée dans son essor, ou reportée
en arrière à des distances plus ou moins
grandes, elle finit par triompher de tous
les obstacles ; la nature des choses, ou
pour mieux dire les lois éternelles, établies par l'auteur suprême de la nature,
sont au-dessus de tous les efforts de la
barbarie. Nous ne pouvons pas, dans cet
article, indiquer toutes ces phases si re-

marquables de l'espèce humaine. Ce sera
dans les *Ages de la nature* que nous
tâcherons d'esquisser le tableau de ces
grands changemens. A peine pouvons-
nous, en terminant cet article, jeter un
coup d'œil sur les ères les plus impor-
tantes de l'histoire de l'homme en Europe, dans l'Asie occidentale et dans le
nord de l'Afrique. [1]

Nous ignorons quel a été le degré de
splendeur des sciences dans ces temps reculés où la féconde Égypte tenoit le sceptre
des connoissances du monde ; où, du haut
de la fameuse Thèbes et de ses immenses

---

[1] Nous n'avons pas besoin d'indiquer les ouvrages des
naturalistes dans lesquels on trouvera de précieux développemens sur les objets que nous n'avons pu qu'indiquer dans cet article. Il serait surtout bien superflu de
citer ceux de Buffon, de Daubenton, de M. le baron
Cuvier, de M. le chevalier Geoffroy de Saint-Hilaire,
de M. Duméril, de M. Virey, etc.

pyramides, elle faisoit entendre aux nations étonnées les oracles de l'expérience
et de l'observation ; où la géométrie, l'astronomie, l'agriculture, l'histoire, l'architecture, la sculpture, la musique, renais-
soient sur les bords périodiquement inon-
dés du Nil ; où, pendant que ses prêtres
conservoient, dans le fond d'un sanc-
tuaire inviolable, le dépôt des théories,
des sciences, les résultats de ces théories
étoient, pour ainsi dire, manifestés sur
la surface de l'empire, par des figures al-
légoriques qui sont encore debout, par
des signes sacrés dont l'empreinte sub-
siste encore. Sans doute nous ne pouvons
former que de foibles conjectures, d'après
les récits que nous ont transmis les savans
de l'ancienne Europe et de l'Asie occidentale que l'ardeur de s'instruire amenoit,
il y a plus de deux mille ans, sur le seuil

des temples africains, et qui, admis après
de longues épreuves dans les asiles les plus
secrets élevés par le sacerdoce, voyoient
tomber devant eux le voile qui cachoit le
trésor des connoissances déjà recueillies.
Sans doute il est possible que l'espérance
conçue par les amis de l'antiquité ne soit
pas trompée, et que des hasards heureux
et une étude constante nous révèlent, au
moins en très-grande partie, le secret,
désiré depuis si long-temps, de ces figures
hiéroglyphiques qui couvrent la surface
des monumens égyptiens. Il se peut que
nous apprenions alors que la science
avoit fait, entre les mains des prêtres de
Thèbes ou de Memphis, des progrès plus
grands qu'on ne l'a imaginé; mais il doit
paroître bien vraisemblable que ces progrès ont été très-inférieurs à ceux pour
lesquels la postérité sera si reconnoissante

envers les siècles récemment écoulés.

En quittant les ères égyptiennes, en abandonnant ces temps de relations incertaines, et en passant aux âges où l'histoire a pu répandre toute sa clarté sur l'Europe, divisons en trois grandes époques les siècles qui se sont succédé depuis Aristote jusqu'à nous.

Nous plaçons dans la première époque l'intervalle compris entre les années qui ont vu fleurir Aristote, le disciple de Platon, et Théophraste, et celles qui ont suivi la mort de Pline, d'Élien, d'Athénée, etc.

Cet intervalle renferme cinq siècles, pendant lesquels les philosophes que nous venons de nommer, et particulièrement les quatre premiers, ont élevé de grands monumens en l'honneur de la science.

Lorsqu'Aristote enseignoit dans la

Grèce, la liberté de cette belle partie
du monde n'existoit plus : Philippe de
Macédoine en avoit éteint le feu sacré ;
mais les heureux effets de cette liberté,
amie du génie, n'étoient pas encore
anéantis. L'enthousiasme qu'elle inspire,
le caractère de grandeur qu'elle imprime,
la noble audace qu'elle enfante, distin-
guoient encore la patrie de Thémistocle.
La Grèce se consoloit de ses fers par la
gloire de son Alexandre. On pouvoit,
on devoit faire encore de grandes choses
à Athènes. Le fameux conquérant de
l'Asie avoit d'ailleurs senti que la reconnoissance des hommes éclairés pouvoit
seul fixer sa renommée : il envoyoit à
Aristote tous les objets que la victoire
rassembloit autour de lui et qui paroissoient propres à augmenter les connoissances humaines. Le philosophe de Stagire

a dû donner un grand essor à l'histoire de l'homme physique, intellectuel, moral; à l'histoire de la nature : sa tête forte n'a pas manqué d'objets dignes d'être observés; son esprit supérieur n'a eu qu'à choisir parmi de riches matériaux pour élever un superbe édifice.

Pline s'est trouvé dans des circonstances presque aussi favorables. A la vérité, la liberté de Rome avoit péri sous les empereurs, après avoir été tant de fois opprimée et horriblement ensanglantée sous les Marius et les Sylla : mais l'impulsion vers les grands objets, donnée aux esprits par les discordes civiles, subsistoit encore ; mais les noms de *Rome,* de *capitole,* de *légion,* de *patrie,* retentissoient encore jusqu'aux extrémités de l'Europe, de l'Asie et de l'Afrique; mais le colosse de la capitale du monde étoit

encore entier, et les lauriers militaires
dont il étoit couvert, cachoient encore
ses chaînes; mais Pline avoit de grandes
places qui lui donnoient de nombreux
correspondans; mais la magnificence des
jeux publics remplissoit la ville des villes
d'étrangers de tous les pays; mais le luxe
de ces temps de servitude entraînoit vers
le centre de l'Italie un grand nombre de
minéraux précieux, d'animaux rares, de
végétaux propres à multiplier les jouissances de la fortune; mais l'Europe com-
mençoit de respirer sous Vespasien et
sous Tite, qui aimoient et protégoient le
savant et éloquent naturaliste romain.

Cependant de grands obstacles devoient
arrêter, pendant cette première époque,
la marche de la science. Les sophistes, qui
dominoient dans les écoles, avoient fait
donner la préférence aux abstractions de

l'esprit, aux subtilités de la dialectique, aux jeux de l'imagination, sur les observations exactes, les phénomènes bien comparés, les notions précises : il falloit entreprendre des voyages longs, pénibles et dangereux, pour aller entendre les grands maîtres ; les écrits des hommes illustres, que la main d'un copiste, souvent ignorant ou infidèle, pouvoit seule multiplier, n'étoient à la disposition que d'un petit nombre de curieux très-riches : la boussole ne dirigeoit pas encore les navigateurs vers les contrées les plus lointaines, et l'existence du grand continent de l'Amérique n'étoit pas même soupçonnée.

A ces causes, qui s'opposoient aux progrès des sciences, s'en réunirent de bien plus funestes, lorsque la seconde période commença.

Alors les barbares du nord sortirent
de leurs forêts et couvrirent l'Europe ;
l'arbre de la civilisation fut mutilé par
le fer de ces hordes à demi sauvages. La
force remplaça le génie ; l'adresse, le talent ; le pouvoir des armes, la justice ;
une fausse idée de gloire, la vertu ; une
tyrannie bizarre, un gouvernement régu-
lier ; l'usurpation, la propriété sacrée ; la
plus vile servitude, un reste de liberté ;
le préjugé, les sentimens généreux ; et
la férocité qui ne se plaît qu'au milieu
d'exercices cruels, l'urbanité bienfaisante
qui attache tant de prix aux plaisirs de
l'esprit et aux jouissances du cœur : les
ténèbres de l'ignorance se répandirent
sur le monde, et l'erreur étendit son
sceptre de plomb.

Le génie de Charlemagne fit jaillir
plusieurs éclairs au milieu de cette nuit

épaisse ; mais ils ne rendirent que plus
affreuse l'obscurité profonde dans laquelle
l'Europe resta plongée. Les sciences et les
arts se cachèrent. De pieux solitaires leur
offrirent un asile : ils recueillirent, dans
leurs maisons sanctifiées par la prière
et encore plus par le travail, quelques
livres manuscrits, quelques dépôts des
connoissances des anciens, ainsi que des
heureux produits de leur éloquence admirable et de leur poésie enchanteresse ;
ils les conservèrent, comme les prêtres
de l'Égypte avoient préservé de l'oubli
les théories et les observatious qui leur
avoient été confiées. Les idées religieuses
environnèrent pour ainsi dire la science
et la firent respecter ; et c'est ainsi que
particulièrement les ouvrages d'Homère,
de Pindare, d'Hérodote, de Thucydide,
de Xénophon, d'Hippocrate, de Démos-

thène, de Sophocle, d'Euripide, de Platon, d'Aristote, de Théophraste, d'Athénée, de Cicéron, de Virgile, de Tacite,
de Pline, arrivèrent jusqu'à la troisième
et brillante époque qui fut celle de la
renaissance des lettres, et transmirent la
science à ce nouvel âge, telle qu'elle avoit
paru à la fin de la première époque,
sans que son domaine eût été agrandi
ni diminué : la civilisation se réveilla
pour ainsi dire d'un sommeil de plusieurs
siècles.

Mais le moment des grandes décou-
vertes étoit arrivé. L'aiguille aimantée,
consultée par tous ceux qui osent affronter sur l'Océan la violence des tempêtes,
dirige avec sûreté leurs voiles sur les mers
les plus étendues. Un nouveau monde
est conquis ; un fameux promontoire
doublé ; l'Afrique enveloppée dans une

navigation hardie ; la grande Asie at-
teinte par une route que l'audace et la
constance tracent au milieu des flots en
courroux ; son immense archipel par-
couru ; la Chine reconnue ; le Japon
abordé, malgré la fureur des trombes
et des ouragans conjurés autour de cette
extrémité orientale de l'ancien monde.
L'imprimerie fait circuler avec célérité,
jusque sous les humbles toits des contrées les plus reculées, des milliers
d'exemplaires d'ouvrages utiles à l'avan-
cement des sciences ou des lettres. La
lumière de la raison jaillit de toutes
parts ; les esprits reçoivent et commu-
niquent un mouvement rapide ; l'imagination s'anime, le génie s'élève : on veut
tout dévoiler, tout voir, tout examiner,
tout connoître. L'opinion paroît en sou-
veraine sur la scène du monde : les mer-

veilles de la nature la charment ; elle
en favorise l'étude. Le courage entreprend de surmonter tous les obstacles :
ni les distances , ni les monts , ni les forêts, ni les déserts, ni les fleuves , ni les
mers, rien ne l'arrête. L'étude d'un phé-
nomène conduit à la recherche d'un
autre ; le besoin d'observer s'empare de
toutes les têtes. Le hasard , l'expérience
et le calcul donnent au verre les qualités
et la forme qui agrandissent dans le fond
de l'œil l'image des objets que leur distance trop grande ou leurs dimensions
trop petites auroient dérobés à la vue.
L'active curiosité pénètre dans les profondeurs des cieux et dans l'intérieur des
productions de la nature. On ne se contente plus de copier, de répéter, de com-
menter les leçons des grands maîtres :
ce n'est pas assez de conserver ; il faut

acquérir, il faut conquérir, il faut créer.
Le génie s'avance, pour ainsi dire, comme
un géant, suivi d'une légion d'hommes
illustres : il enflamme cette troupe immortelle, ce bataillon sacré qui combat
pour accroître le domaine de la science.
Quels trophées élèvent ces hommes si
favorisés de la nature, dont les rangs se
multiplient et s'étendent sans cesse ! Les
uns s'avancent précédés de la trompette
héroïque : on voit sur leurs fronts les
brillantes couronnes dont les ont ornés
les muses de l'épopée, de l'ode, de la
tragédie, de la comédie et de l'histoire.
Les grands peintres, les grands statuaires,
les musiciens créateurs marchent au milieu d'eux. Le même souffle inspirateur
les anime ; les mêmes rayons les environnent.

Les sublimes mathématiciens inven-

tent cette langue admirable dont les signes,
représentant à volonté toutes les quantités, peuvent se combiner de manière
à montrer tous les rapports, à résoudre
tous les problèmes. Les lois éternelles,
auxquels obéissent tous les corps célestes
répandus dans l'immensité de l'univers,
qui dirigent tous les mouvemens, règlent
tous les équilibres, déterminent tous les
repos, sont reconnues et promulguées.
On en découvre l'empire dans tous les
phénomènes ; on le voit et dans le poids
de l'atmosphère qui environne la terre,
et dans les soulèvemens réguliers des
mers qui la divisent en continens, et
dans les pluies qui l'arrosent, et dans les
orages qui la fécondent. L'art, heureux
rival de la nature, s'empare de tous ses
agens ; maîtrise l'eau, l'air, le feu, les
vapeurs les plus subtiles ; soumet toutes

les substances à leur action ; en sépare
les élémens, les examine, les réunit à son
gré ; décompose, analyse et recompose
jusques aux rayons de la lumière. De
hardis voyageurs étalent les richesses de
tout genre qu'ils ont rapportées dans
leur patrie au travers de tant de périls ;
d'autres, amis des sciences, et particulièrement des sciences naturelles, nous
rappellent quels objets ils ont les premiers reconnus, décrits et comparés :
ceux-ci sont entourés de ces tables sur
lesquelles ils ont inscrit les êtres vivans et les êtres inanimés ; ceux-là ont
gravé, sur de vastes monumens, l'histoire des antiques révolutions auxquelles
la nature a soumis les globes qui roulent
dans l'espace.

A mesure que les temps se succèdent,
les difficultés diminuent, les obstacles

disparoissent, les ressources s'accroissent;
chaque découverte, chaque perfectionnement, chaque succès en enfante de nouveaux. L'art de la navigation s'agrandit;
la mécanique lui fournit des vaisseaux
plus agiles. Les rivalités des peuples,
les jalousies du commerce, les fureurs
même de la guerre n'élèvent plus de bar-
rières au-devant des hommes éclairés qui
cherchent de nouvelles sources d'instruction. La physique et l'hydraulique créent
de nouveaux moyens de descendre sans
périls dans les profondeurs de la terre.
Des canaux, élevés au travers des chaînes
de montagnes, lient les bassins des fleuves,
et forment, pour les voyages et les transports, un immense réseau de routes et de
communications faciles. Les observations
faites dans les contrées les plus éloignées
les unes des autres, peuvent être com-

parées avec précision. La chimie ne cesse
de découvrir ou de former de nouvelles
substances. La cristallographie dévoile
la structure des minéraux : un métal,
long-temps inconnu sur une terre loin-
taine, sert à perfectionner le système
des mesures par l'invariabilité des modèles, les arts chimiques par l'inaltéra-
bilité des creusets, l'astronomie et l'art
nautique par la pureté des miroirs de
télescope. On transporte au-delà des mers
les végétaux les plus délicats sans leur
ôter la vie : le café, le tabac, le thé, le
sucre, les épiceries, portés avec soin et
cultivés avec assiduité dans des pays
analogues à leurs propriétés, donnent
aux échanges une direction plus régulière, affranchissent les nations d'une
dépendance ruineuse, distribuent avec
plus d'égalité les fruits du travail parmi

les peuples civilisés. L'attention, l'adresse et le temps domptent les animaux les plus impatiens du joug, par l'abondance de l'aliment, la convenance de la température et les commodités de l'habitation : des animaux nouvellement connus, tels que la vigogne du Chili et la chèvre de Cachemire, fournissent un poil doux, soyeux, léger, très-brillant et salubre, à des ateliers que des machines ingénieuses rendent chaque jour plus avantageux.

La science n'indique-t-elle pas à l'agriculture et les propriétés des divers terrains, et les qualités des semences qui varient les récoltes en multipliant les produits, par leur convenance avec le sol ; et les herbes destinées à former les prairies les plus nourricières ; et les animaux dont l'adresse, la force, la tem-

pérance et la docilité, peuvent le plus
alléger ses travaux ; et les arbres que
les vergers réclament, et jusqu'aux fleurs
qui doivent embellir les jardins et cou-
ronner les heureuses tentatives ?

La médecine acquiert des remèdes
plus adaptés aux divers maux qu'elle doit
guérir, et de nombreuses observations
dont la comparaison multiplie ses succès.
La chirurgie étonne par la hardiesse de
ses heureuses opérations, dont les anciens
n'avoient pas même conçu l'idée. L'anatomie, en soumettant à ses examens non-
seulement l'homme mais tous les animaux, devient une science nouvelle, dont
les faits, comparés avec habileté, dirigent la chirurgie et la médecine, et les
conduisent à de nouveaux triomphes.

L'art militaire, qui défend les États,
et le commerce qui en ferme les plaies,

obtiennent des chars plus solides, des
bêtes de somme plus fortes, des coursiers
plus rapides. Cet art de la guerre, sous
le nom de stratégie, embrasse des espaces immenses dans ses sublimes conceptions ; ordonne, meut et dirige, par
ses combinaisons savantes, de grandes
masses séparées par de grandes distances ;
et la science des Vauban lui donne des
points d'appui et des asiles dans des places
dont elle perfectionne de plus en plus les
fortifications.

Les arts dont le dessin est la base,
trouvent dans les exemples des anciens et
dans l'admirable variété des productions
de la nature rassemblées devant eux, une
source inépuisable de sujets de leur imitation, d'accessoires pour les faire ressortir et d'ornemens pour les embellir.

Quelles images, quels tableaux, quel

spectacle, cette nature dévoilée n'offre-t-
elle pas à l'éloquence et à la poésie!

Quelle puissance à chanter par les
Homères et les Virgiles modernes, que
celle de cette même nature combattant
contre le temps! Quel secours, pour l'historien des sociétés humaines, incertain
sur l'origine, la durée ou la succession
des événemens, que l'étude de ces sublimes annales que la nature a gravées
elle-même sur le sommet des monts,
dans les profondeurs des mers et dans
les entrailles de la terre!

Le métaphysicien s'éclaire, en comp-
tant avec le naturaliste les degrés de l'industrie, de la sensibilité, de l'intelligence
des animaux, et en les rapprochant des
nuances de leurs autres attributs.

L'homme d'État, environné pour ainsi
dire d'une multitude d'objets comparés

avec sagacité, et de productions de tout
genre apportées, accrues, accumulées par
la science, résout le grand problème de
la conciliation des richesses avec les vertus, du luxe avec les mœurs, de la force
qui résiste au dehors, avec celle qui con-
serve et vivifie au dedans. La politique
lui montre la tyrannie étrangère qui me-
nace les empires moins enrichis que leurs
voisins par un commerce prospère. La
philosophie lui découvre la corruption,
le vice et le despotisme, asservissant sans
obstacles ceux où le luxe a déployé ses
brillans étendards. La science de la nature ne repousse pas les objets de ce luxe
et si heureux et si funeste : elle les accroît au contraire, elle les multiplie, elle
les met à la portée des citoyens les moins
fortunés; et en ne diminuant aucune des
ressources d'une politique prévoyante et

tutélaire, en ajoutant même à ses moyens de résistance, et en augmentant la supériorité de sa force défensive et protectrice, elle satisfait la sagesse par une distribution moins inégale de dons trop enviés. Elle calme l'inquiétude civique par une répartition plus convenable d'avantages réels ou imaginaires, qui ne corrompent les corps sociaux que par le délire de la vanité du petit nombre qui les possède exclusivement et par des désirs immodérés du grand nombre qui les convoite. Chez les anciens, où les lumières de la science étoient réservées à quelques sages, le luxe fut mortel pour les États; parce que, né de la violence qui enlève sans semer, qui détruit sans reproduire, qui bouleverse sans fertiliser, il porta le caractère de son origine dévastatrice, et parce que, n'étant la propriété que de quelques familles, il régna à côté de la misère, qu'il rendit encore plus affreuse. Mais, à l'époque où est parvenue la civilisation européenne, fils de la science créatrice et de l'industrie fécondante, il appartient pour ainsi dire à tous, perd le nom sous lequel il a tant de fois effrayé la vertu, et se montre sous la dénomination constante de l'heureuse abondance.

Et comment l'étude florissante et généralement répandue des facultés de l'homme, de ses pensées, de ses sentimens, de ses œuvres, des produits admirables de l'art et de toutes les merveilles de la création, n'influeroit-elle pas, d'ailleurs, sur les mœurs des peuples ? Destructive d'erreurs dangereuses et de préjugés décourageans, elle est la source du développement de l'intelligence qui aper-

çoit et montre ce qui est bon, de la sensibilité douce et paisible qui le fait chérir
et le récompense, et de l'industrie active
dont le plus noble effet est de conserver,
par la constance de l'occupation, la vertu, cette fille céleste de l'intelligence et
de la sensibilité !

Offerte à l'enfance avec les tendres
précautions qu'inspire cet âge ; pré-
sentée avec le charme que donnent des
objets à manier, des images à regarder,
des courses à renouveler, des instruc-
tions mutuelles à répéter, des concours
à établir ; diversifiant ses jeux au lieu
de les troubler, elle remplit son jeune
cœur d'affections touchantes, agréables
et pures, et façonne son esprit flexible
aux idées vraies, grandes et élevées. Les
arts, devenus alliés fidèles de la science,
ne présentant sur les étoffes les plus com-

munes, sur les meubles les plus simples,
ou parmi les ornemens les plus élegans
et les décorations les plus magnifiques
des palais les plus somptueux, que des
copies exactes des êtres sortis des mains
de la puissance créatrice, et ne montrant
plus les produits monstrueux d'une convention ridicule, d'un hasard bizarre, ou
d'une imagination délirante ; cette enfance si précieuse échappe au danger,
plus grand qu'on ne le pense, d'imprimer dans sa tête encore molle des images
fantastiques, des idées fausses, des objets
disparates, des réunions absurdes, et de
s'accoutumer ainsi à voir comme réel ce
qui ne peut pas exister ; à substituer de
vaines sensations aux résultats de l'expérience ; à mettre en opposition les sens
avec la raison, la mémoire avec la vérité, et à donner à ses pensées, et par

conséquent à ses sentimens, la direction la plus funeste.

Les nuages du préjugé et de l'erreur, en se dissipant devant le souffle de la science, laissent paroître et briller de tout leur éclat ces principes sacrés, d'après lesquels des lois dictées par la sagesse garantissent la stabilité des gouvernemens, les droits imprescriptibles des peuples, et cette sainte tolérance civile et religieuse qui, réunissant tous les cœurs par le lien d'une affection mutuelle et d'une bienveillance indulgente, devient un culte solennel et universel d'amour et de reconnoissance envers l'Être des êtres, et le gage le plus assuré de la paix et du bonheur du monde.

FIN.

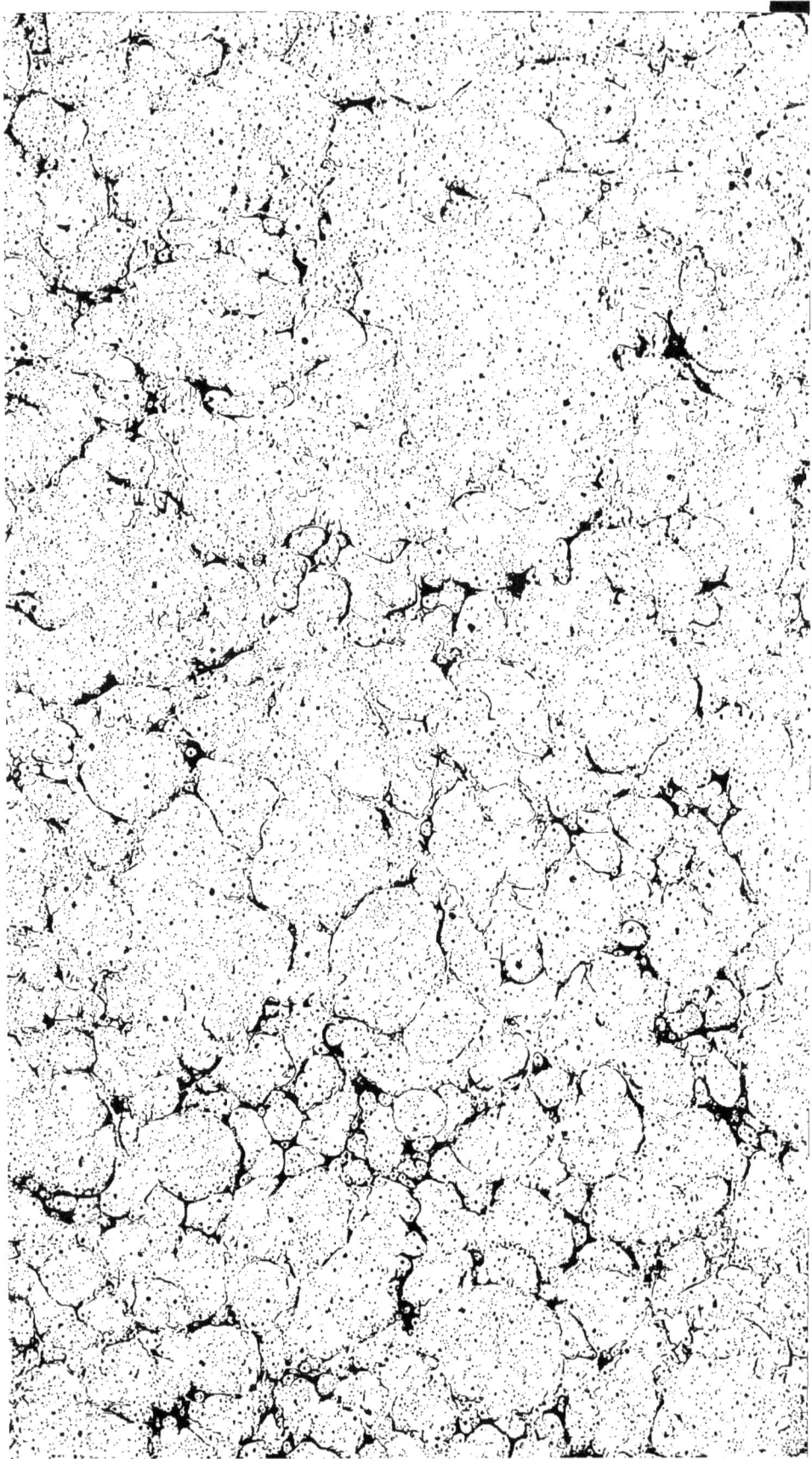

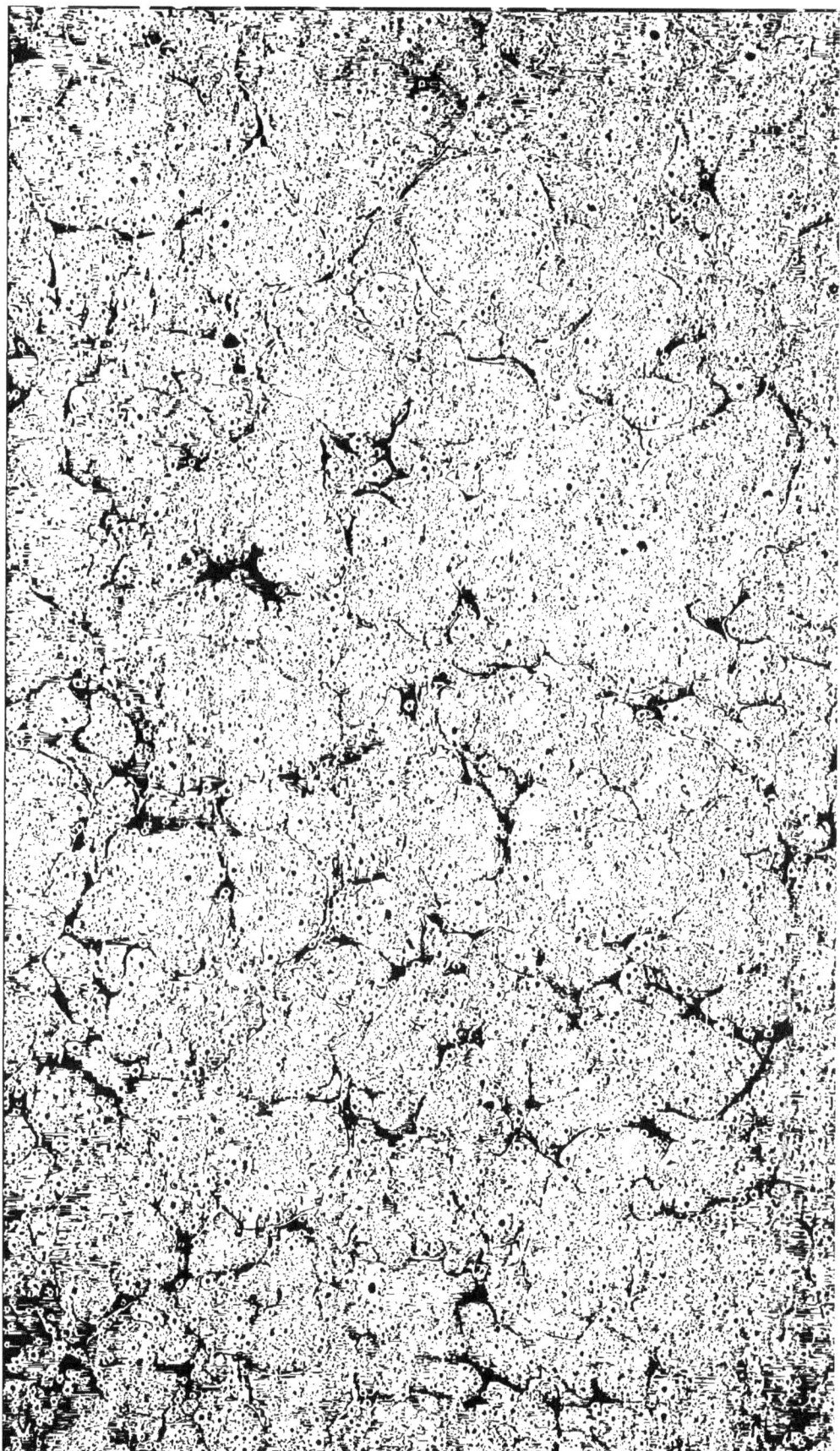

www.ingramcontent.com/pod-product-compliance
Lightning Source LLC
Chambersburg PA
CBHW060138200326
41518CB00008B/1069